权力与预测

[美]
阿杰伊·阿格拉沃尔
(Ajay Agrawal)

[澳]
乔舒亚·甘斯
(Joshua Gans)

[加]
阿维·戈德法布 著
(Avi Goldfarb)

何凯 译

人工智能的
颠覆性经济学

Power and Prediction

The Disruptive
Economics of Artificial Intelligence

中信出版集团 | 北京

图书在版编目（CIP）数据

权力与预测 /（美）阿杰伊 · 阿格拉沃尔，（澳）乔舒亚 · 甘斯，（加）阿维 · 戈德法布著；何凯译 . -- 北京：中信出版社，2024.1

书名原文 : Power and Prediction: The Disruptive Economics of Artificial Intelligence

ISBN 978-7-5217-6028-6

Ⅰ . ①权… Ⅱ . ①阿… ②乔… ③阿… ④何… Ⅲ . ①人工智能－研究 Ⅳ . ① TP18

中国国家版本馆 CIP 数据核字（2023）第 180239 号

权力与预测
著者： ［美］阿杰伊 · 阿格拉沃尔 ［澳］乔舒亚 · 甘斯 ［加］阿维 · 戈德法布
译者： 何凯
出版发行：中信出版集团股份有限公司
（北京市朝阳区东三环北路 27 号嘉铭中心 邮编 100020）
承印者： 嘉业印刷（天津）有限公司

开本：787mm×1092mm 1/16 印张：19.75 字数：245 千字
版次：2024 年 1 月第 1 版 印次：2024 年 1 月第 1 次印刷
京权图字：01-2023-4737 书号：ISBN 978-7-5217-6028-6
定价：69.00 元

服务热线：400-600-8099
投稿邮箱：author@citicpub.com

致我们的家人、同事、学生和初创企业：
是你们启发我们对人工智能进行清晰而深入的思考。
谢谢你们！

目 录

第四部分　权　力

第五部分　人工智能如何颠覆

第六部分　展望新系统

前　言

成功来自远方吗

在 2018 年出版《AI 极简经济学》一书时，我们曾认为已经论述了人工智能经济学的方方面面，但现在发现：我们错了。

尽管我们意识到技术将不断进步——即使人工智能仍处于起步阶段——但我们知道底层的经济学原理不会变。这就是经济学的魅力所在。技术会变，但经济学原理不会。我们在那本书中制定了人工智能经济学框架，它在今天仍然有用。不过，《AI 极简经济学》的框架只讲述了故事的一部分——点解决方案。在此后的几年里，我们发现人工智能故事的另一个关键部分还有待讲述，那就是系统解决方案。本书则会讲述这一部分。我们为何一开始错过了这一部分呢？要想解释这个问题，我们得追溯到 2017 年，那时我们正在撰写《AI 极简经济学》。

那一年，人们表现出了对人工智能新技术的极大兴趣，就在 5 年前，加拿大人工智能领域的先驱展示了深度学习在图像分类方面的卓越表现。每个人都在谈论人工智能，有人猜测它可能会将加拿大推上世界的科技舞台，而这不过是时间问题。

我们创立了一个科技导向型的初创项目，叫作创新颠覆实验室（Creative Destruction Lab，CDL），其中一部分人专注于人工智能研究。大家都在问："你们认为加拿大的第一家人工智能独角兽公司，即第一家市值达10亿美元的人工智能初创公司会出现在哪里呢？"我们预计是蒙特利尔，也可能是多伦多，或者是埃德蒙顿。

不仅我们这么认为，加拿大政府也在下同样的赌注。2017年10月26日，时任加拿大总理贾斯廷·特鲁多参加了我们在创新颠覆实验室举办的年度人工智能会议，主题为"机器学习和智能市场"。[1]他在讲话中强调了投资集群的重要性。集群是指拥有不同行业参与者，包括大型企业、初创企业、大学、投资者和人才的地理区域，其整体大于部分的总和，能促进创新并创造就业机会。核心理念是位置聚集（colocation）。几个月后，加拿大政府宣布为5个新的"超级集群"提供大量资助，其中一个位于蒙特利尔，专攻人工智能研究。[2]

我们对人工智能商业化有十足的信心。可以说，我们是这个课题的世界级专家。我们撰写了一本畅销书，探讨了人工智能经济学；我们发表了大量关于该课题的学术文章和管理学论文；我们正在合作编写《人工智能经济学：议程》，该书将成为该领域博士生的参考书；我们创立了一个人工智能商业化项目，据我们所知，这是全球人工智能公司最集中的项目；我们在世界各地向企业和政府领导人发表演讲；我们还在多个与人工智能相关的政策委员会、工作组和圆桌会议上担任职务。

我们认为人工智能应该被视为预测，这一点引发了从业者的共鸣。我们受邀在谷歌、网飞、亚马逊、脸书和微软发表演讲。Spotify是世界上最大的音乐流媒体服务提供商之一，其产品、工程、数据和设计主管古斯塔夫·索德斯特伦在采访中提到了我们的书：

> （作者）在他们的《AI极简经济学》一书中讲得非常好。想象一下，机器学习系统的预测准确度就像收音机上的音量旋钮

> 一样……当你调到旋钮上的某个点，也就是你的预测足够准确时，就会发生不可思议的事情。当你根据机器学习重新思考整个商业模式和产品时，你就跨过了一个阈值……通过“每周推荐”（Discover Weekly）功能，我们实现了从“先购物再发货”到“先发货再购物”的范式转变，就像《AI 极简经济学》中所描述的那样。我们的预测准确度已经达到了一定水平，不再只是提供工具来帮助用户制作歌单，而是为用户提供每周歌单，让他们保存自己真正喜欢的曲目。我们从“用更好的工具来自己制作歌单”变成了“你再也不用制作歌单”。[3]

我们的方法是设计一个质量调整预测成本非常低的世界，而这既具有实际意义，也可以为人工智能战略提供宝贵见解。

那么，我们为什么如此肯定第一家人工智能独角兽公司会来自蒙特利尔、多伦多或埃德蒙顿呢？我们与两位最近的图灵奖（等同于计算机科学领域的诺贝尔奖）得主保持着联系，他们因在深度学习方面的创举而被人们认可，分别在蒙特利尔和多伦多工作，还有一位强化学习领域的主要先驱，他在埃德蒙顿工作；加拿大政府将慷慨资助三家致力于推进机器学习研究的新机构——分别在蒙特利尔、多伦多和埃德蒙顿；许多全球企业争相在蒙特利尔（如爱立信、脸书、微软、华为、三星等）、多伦多（如英伟达、LG 电子、强生、罗氏、汤森路透、优步等）和埃德蒙顿（如谷歌 / 深度思考、亚马逊、三菱、美国国际商用机器公司等）设立人工智能实验室。

我们曾认为我们已经非常了解人工智能的商业化，然而，我们却猜错了，并且是大错特错。第一家加拿大人工智能独角兽公司并非来自蒙特利尔、多伦多或埃德蒙顿，它甚至不在我们猜测的第二组城市——温哥华、卡尔加里、滑铁卢或哈利法克斯。它如果不是来自加拿大的这些技术中心，那么会来自哪里呢？

2020 年 11 月 19 日，《华尔街日报》刊登了一则头条新闻，标题为“纳斯达克将以 27.5 亿美元收购反金融犯罪公司 Verafin”。Verafin 公司的总部位于纽芬兰省的圣约翰斯市。很少有人（当然不是我们）会预测到加拿大的第一家人工智能独角兽公司会出现在北美东北角的这个小镇上。

你能到达的离科技活动最远的地方，就是纽芬兰省的圣约翰斯市。纽芬兰省是加拿大最东边的省份，仅有约 50 万人口。科技界从未关注过它。事实上，尽管美国是加拿大的邻国，但许多美国人第一次听说纽芬兰，还是在热门百老汇音乐剧《来自远方》获得 2017 年托尼奖最佳音乐剧等 4 个奖项的提名时。这部音乐剧改编自真实故事，讲述了“9 · 11”事件后一周内发生的事情，当时有 38 架飞机被命令在纽芬兰降落，幽默友好的当地居民收留了“来自远方”的 7 000 名滞留旅客。但正是在纽芬兰，布兰登兄弟、杰米 · 金和雷蒙德 · 普里蒂创立了 Verafin，最终为北美 3 000 家金融机构提供了欺诈检测软件。我们怎么就漏掉了这个呢？这纯属偶然吗？还是随机事件呢？看来就算是专家也会偶尔出错。作为“事后诸葛亮”，我们明白小概率事件也会发生。

纳斯达克购买的是人工智能技术。Verafin 已经投入巨资，开发了能够预测欺诈和验证银行客户身份的工具。无论是在运营方面还是在监管合规方面，这些都是金融机构的关键功能。要做到这一点需要大数据，而其中最庞大的就是银行和信用社的数据。

经过反思，我们发现像 Verafin 这样的企业领先于同行并非偶然，而是必然的。我们对预测机器的潜在性过于关注，而忽略了实际商业部署的可能性。虽然我们一直关注人工智能本身的经济属性——降低预测成本，但低估了构建人工智能新系统的经济学。

如果当时我们能更好地明白这一点，就不会去评估最先进机器学习模型的生产情况，而会去调查专注于预测问题的应用程序领域，因为这些应用程序将被嵌入机器预测的系统中，而无须取代人类的预测。我们会寻找已经雇用了大量数据科学家的企业，它们已经将预测分析整合到组织的工作流程中。我们很快就会发现，机器预测在金融机构中的应用最为普遍，因为它们雇用了大量数据科学家来预测金融交易中的欺诈、洗钱、不遵守制裁和其他犯罪行为。[4]然后，我们将寻找那些正在采用人工智能最新技术来解决这些问题的小公司。我们会发现，当时加拿大只有少数几家这样的公司，其中一家名为Verafin，总部位于纽芬兰省的圣约翰斯市。

我们意识到，是时候再思考一下人工智能经济学了。Verafin的方法遵循了《AI极简经济学》中的指南，这并不奇怪。但不太合理的是，为什么许多其他应用程序需要花费更长时间来大规模部署呢？我们不仅要思考技术本身的经济学，还要思考技术运行的系统。我们必须了解，是什么经济力量导致人工智能在银行业的自动欺诈检测和电子商务的产品推荐方面被迅速采用，而在保险业的自动核保和制药业的药物发现方面，被采用的速度却如此缓慢。

在现有组织设计中采用人工智能要面临很大的挑战，我们并不是唯一低估这些挑战的人。我们在多伦多大学的同事，杰弗里·辛顿因在深度学习方面的开创性工作而被誉为“人工智能教父”，他也低估了采用人工智能的难度。[5]他曾开玩笑说：“如果你从事放射科医生的工作，你就会像跑到了悬崖边的一匹郊狼，你没有往下看，所以没有发现脚下悬空。人们现在应该停止培养放射科医生。在5年内，深度学习会做得比放射科医生更好。”[6]尽管他对技术进步速度的预测是正确的——如今人工智能在各种诊断任务中的确做得比放射科医生更好——但在他发表这番言论5年后，美国放射学会报告称，接受放射学培训的新生数量并没有下降。

我们逐渐意识到，人类已经进入了历史上独特的一刻——“中间时代”（The Between Times）——我们正处于目睹了人工智能这项技术的威力之后，但又在它被广泛采用之前的时代。其中一些实施方案是所谓的点解决方案，它们很直接。对于点解决方案来说，采用人工智能只是简单地用新的人工智能工具（像 Verafin 那样）替代旧的机器生成的预测分析（这些事情正在迅速发生），而其他实施方案则需重新设计产品、服务以及提供它的组织，以充分实现人工智能的好处并证明背后的成本是合理的。对于后一种情况，企业和政府正在竞相寻找一个盈利途径来实现这一目标。

我们将重点从探索神经网络转移到了人类认知（我们如何做决策）、社会行为（为何某些行业的人能迅速接受人工智能，而有些行业的人会抵触）、生产系统（某些决策如何依赖于其他决策），以及行业结构（我们如何隐藏某些决策以保护自己免受不确定性的影响）。

为了探索这些现象，我们找到了企业决策者、产品经理、企业家、投资者、数据科学家和采用人工智能的计算机科学家。我们与专家及决策者一起开会研讨，同时亲自考察了数百个由风险投资公司资助的人工智能初创企业，从中我们了解了什么是可行的、什么是不可行的。

当然，我们也重拾了经济学的基本原理，对人工智能经济学进行了实证研究。几年前，在我们写《AI 极简经济学》时，这个领域几乎不存在，但现在它正在蓬勃发展。我们将各种信息联系起来，构建了一个经济框架，区分了点解决方案和系统解决方案，这不仅能解决 Verafin 难题，还能为下一场人工智能的使用提供预测。通过关注系统解决方案而非点解决方案，我们可以解释这项技术最终将如何席卷各个行业，巩固一些现有行业的地位并颠覆其他行业。所以，现在是时候写一本新书了——就是你手中的这本。

第一部分

中间时代

第一章

三位企业家的寓言

电力改变了我们的社会。它改变了我们的生活方式——我们一拨开关就能获得廉价且安全的照明，家用电器如电冰箱、洗衣机和吸尘器帮我们减轻了家务负担；它还改变了我们的工作方式，为工厂和电梯提供动力。那这一切的背后是什么呢？——时间。

今天电力的普及程度令人难以想象在 20 世纪初，即托马斯·爱迪生发明电灯泡后的 20 年里，电力几乎无处可见。1879 年，爱迪生发明了闻名世界的电灯泡，并在几年后启动了曼哈顿的珍珠街发电站，照亮了街道。但 20 年后，只有 3% 的美国家庭使用电力，工厂里的情况也差不多（见图 1-1）。然而，又过了 20 年，这一数字就猛涨到了人口的一半。对于电力来说，这 40 年就是“中间时代”。

虽然当时人们对电力充满热情，但却没什么东西可以展示。今天，当新兴的激进技术出现时，我们往往会忘记这一点。灯亮起来了，看似一切都在改变，而实际上变化却不大。人工智能的灯虽然亮了，但我们要做的还有很多。现在，我们正处于人工智能的“中间时代”——在展示技术能力和实现其广泛应用前景之间的时代。

对于人工智能来说，未来并不确定，但我们已经看到了电力发展的轨迹。因此，要理解人工智能商业化所面临的挑战，可以设身处地地想象自己是19世纪80年代的企业家——电力是未来的发展方向，那么你会如何设想去抓住这一机遇呢？

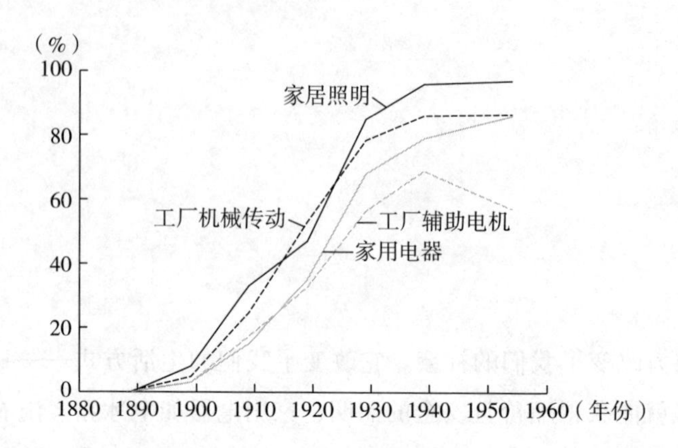

图1-1 美国电力使用情况

资料来源：数据来自保罗·A. 大卫，《电脑和发电机：一面不太遥远的镜子中的现代生产力悖论》（1989年斯坦福大学经济学系工作论文#339），twerp339.pdf（warwick.ac.uk）。

点解决方案企业家

蒸汽在19世纪下半叶推动了经济的发展。人们用煤炭加热水来产生能量，并用于带动驱动杆、滑轮和皮带，进而实现工业生产。从各种记录来看，蒸汽是继农业之后推动经济革命的又一大奇迹。因此，一个想要售卖电力的企业家必须想方设法让潜在客户关注蒸汽，并发现其缺点。

如果把蒸汽与电力放在一起，那么这些缺点就显而易见了。蒸汽散发热量，这正是它的用途；但其中大部分热量会被浪费，这就是它的缺点。蒸汽动力在传导过程中损失了30%~85%的能量，原因包括冷凝、阀门泄漏以及轴和皮带将能量传递到工作台时产生的摩擦。[1]想象传动系统可能有些困难，那么我们简单设想一下：蒸汽动力源位于一端，转动着一根长3英寸①的铁轴或钢轴，然后让皮带和滑轮沿线运转。某些轴可能是水平的，但许多工厂有多层的轴，而且是垂直配置的。例如，一根轴可以驱动数百台纺织机。

对于电力，直接方案就是在使用蒸汽动力的同一位置——轴的末端——使用一种替代能源。弗兰克·斯普雷格是爱迪生的一位前雇员，在1886年开发最早的一种电动机时，他就发现了这一点。尽管爱迪生专注于研究照明，但一些人已经意识到，白天的电力更便宜且电动机可以得到利用，斯普雷格就是其中一人。斯普雷格利用自己的见解为有轨电车和建筑电梯提供动力，其他人则将电动机引入了工厂。

我们把这些方案称为“点解决方案”，因为这些发明者是在当时工厂的能源接入点将蒸汽更换为新的动力源——电力。19世纪末期的点解决方案企业家发现了两类愿意将电力视为新动力源的客户。一类是大型蒸汽动力工厂。美国南卡罗来纳州哥伦比亚市的一家纺织工厂于1893年放弃了蒸汽，转而采用电力。利用水力发电，然后通过1英里②长的电缆进行传输，该工厂提供的电力是美国最便宜的。[2]另一类是服装和纺织制造商。蒸汽的缺点是其本身不够环保以及动力产生的速度不稳定，而电力恰好解决了这两个问题。

点解决方案企业家给出的优惠就是低成本以及某些工厂能够享有特定的好处，产品的即插即用特性使他们的销售内容变得清晰明了。

---

① 1英寸约等于2.54厘米。——编者注

② 1英里约等于1.61千米。——编者注

但在许多情况下，产品仍然卖不出去。即使改变了动力来源，能源账单可节省的幅度也是有限的，而且点解决方案没有给出使用更多电力的理由。

应用解决方案企业家

蒸汽机一旦启动就会一直运行，而电动机可以在关闭后重新启动。因此，尽管蒸汽动力是通过轴传递的，各机器操作员可以通过操作杠杆连接或脱离机器来控制动力，但是电动机操作员可以轻松地开关与各机器直接连接的电动引擎。后者更简单，需要的维护工作也少得多。[3]然而，这意味着工厂消耗的电力会因使用情况而异。正如经济历史学家内森·罗森伯格所言，这带来了一个“分散化电力”的时代，“现在能以非常小且成本较低的单位提供电力，且无须产生过量电力以提供小‘剂量’或间歇性的电力”。[4]

对于电力价值，企业家认为要少量用电，或者更准确地说，只在需要时用电。尽管这种见解改变了一些工厂的设计，如为不同类型的机器设置独立电源，不过有一些工程师打算给每台机器都配备电动发动机。但即使对于一组机器，只在使用机器时支付电费也非常划算。

重大的变革是将电力驱动安装在单台机器上，我们称之为应用解决方案，即不再简单地更换电源，而是换掉整个设备（应用设备）。而且，一些机器变得易于携带。这些工具不再被固定于一根中央轴上，而是可以四处移动。工作不再被机器牵着转，而是机器可以跟着工作走。

不过这只是一种预期。现实情况是，任何单独的机床，如钻头、金属切割机或压力机，都必须进行全面重新设计，以利用独立的电动引擎。[5]此外，这些引擎通常不是现成的，而是需要根据特定机器或用途量身定做的。由于设备需要被重新设计，因此应用解决方案的机会虽然多，但很难真正得到应用。如果你为工厂设计一个带有独立引擎的工具，那么就会降低发动机为其他工具提供动力的价值。然而，找到平衡需要重新设计许多工具，这意味着需要花费大量时间创建一个新的系统。

系统解决方案企业家

纵观整个工业革命，工厂都是为了利用蒸汽而设计的。正如我们所见，工厂的单一动力源通过挂着一根皮带和滑轮的中央轴将动力分配到各台机器上。对于现代人来说，这就是一台大型机器，里面的人只是其中的齿轮而已。从宏观上看，它是一个机械装置，其中数百个运动部件与单个动力入口相连，这一点并没有因为新动力的出现而发生改变。有了新设备，一些企业家就开始重新思考工厂的形式。设想一下，那里没有中央轴，甚至没有专门为一组机器设计的轴。如果让你根据现在对电力的了解从零开始设计工厂，它会是什么样子呢?

工厂是为了让机器靠近动力源而建造的，这意味着纵向设计的多层车间有其优势。19 世纪末，狭窄多层的工厂在工作条件、安全性和机器性能方面都付出了一定的代价。在有了电力后，工厂就不再需要将所有东西都塞进狭小的空间内。

更多的企业管理者意识到，电力的真正价值是提供一个系统解决方案，具体而言，是提供一个能够充分利用电力的系统。所谓系统，是指一套程序，它们共同确保某件事情得以完成。

让我们思考一下工厂内部的空间经济学。在有了蒸汽与中央轴后，靠近中央轴的空间比其他地方更有价值。因此，工作都在靠近轴的地方进行，其他东西不是被储存起来就是被移走了。这意味着实物必须根据动力需求来回移动。

电力拉平了空间的经济价值，使其变得灵活。如今，在生产线上组织生产比较划算，这样可以缩短实物来回移动的距离，并将其从一个工序转移到下一个。亨利·福特没能利用蒸汽动力发明出 T 型车的生产线，直到电力商业前景展现出来的几十年后，这一目标才得以实现。福特是一位汽车企业家，但他本质上也是一位系统解决方案企业家。这些系统变革改变了工业格局，直到这时，电气化才在生产力统计数据中大幅度地显现出来。[6]

人工智能企业家

我们可以得出三条结论。第一，实现巨大生产力的关键在于理解新技术的内涵。一个企业家如果在 1890 年向人们推销电力，可能会把“降低燃料成本”作为该技术的关键价值主张。但电力不是一种更便宜的蒸汽机，它的真正价值在于能够将能源使用与能源来源分离，这样用户就摆脱了距离的限制，工厂和工作流程设计也迎来了一系列的改进。一个企业家如果在 1920 年向人们推销电力，就会发现电力的关键价值主张并不是“降低燃料成本”，而是“能极大地提高生产力的工厂设计”。

这也是我们对人工智能的期待。最初的创业机会包括 Verafin 等点解决方案，它们通过更好、更快、更便宜的方式取代了其他预测方法。

还有一些应用解决方案，需要围绕人工智能重新设计设备或产品。所有由人工智能驱动的机器人都是应用程序，设备上的人工智能增强软件也是如此。请看一下你的手机，它可以识别面部，这需要特殊的相机以及专门的硬件来保证信息安全。不过这种创新最大的推动力可能是将数十亿美元的投资，用于设计和生产在现有道路条件下自动驾驶的车辆。尽管这些汽车的外观可能没什么变化，但必须重新设计其内部硬件，以保证传感器配置正确、车载处理及机器操作一切正常。

大量高价值的潜在人工智能系统解决方案尚未出现。本书将阐述实现这些机会的可能性以及所面临的挑战。

第二，一旦我们理解了这一点，就要问一个直截了当但难以回答的问题。鉴于我们现在对人工智能的了解，如果从头开始，那么将如何设计产品、服务或工厂呢？新的扁平化工厂架构最初并没有在传统行业中出现，而是出现在20世纪的新兴行业中，如烟草、金属加工、运输设备和电气机械等。同样的情况重现在当今的新兴数字化行业中，如搜索、电子商务、流媒体和社交网络，它们早期采用了以人工智能为核心的系统设计。

提到人工智能，我们仍然要回答这两个问题：（1）人工智能真正带给我们的是什么？（2）如果我们从头开始设计业务，那么将如何建立业务流程和商业模式？如果电力不是为了“降低燃料成本”，而是一个“能极大地提高生产力的工厂设计”，那么人工智能可能也不是为了“降低预测成本”，而是一个“能极大地提高生产力的产品、服务和组织设计”。电力的主要好处在于它将能源使用与其来源“脱钩”，从而促进了工厂设计的创新；人工智能的主要好处在于它将预测与决策的其他方面“脱钩”，从而通过重新构想决策之间的相互关系，促进了组织设计的创新。

我们认为，通过将预测与决策的其他方面“脱钩”，并将预测从人类转移到机器，人工智能实现了系统级创新。决策是这种系统的关键构件，而人工智能增强了决策能力。

第三，不同类型的解决方案提供了不同的获取市场权力的机会。

当企业家既能创造价值又能获取价值时，他们就能盈利。点解决方案的问题通常是最初创造的价值相对较少。电力曾是蒸汽的替代品，但蒸汽已经配套了现成的基础设施，因此替代并不是零成本的，并且这样做对消费者来说，价值就是降低电费。换句话说，点解决方案企业家可以通过最佳点解决方案获得持续的利润——Verafin 正是如此——但这只是最好的情况。[7]

随着我们转向应用解决方案，然后转向系统解决方案，企业家创造的价值变得更有说服力。新设备可以从竞争中脱颖而出，并受到专利等知识产权措施的保护。然而，新系统的潜力更大。在电力领域，工厂主提供新的工厂设计，这是在他们自己的领域里，他们懂得技巧，因此能够获得市场份额，并使自己免受竞争的影响。虽然工厂的布局是显而易见的，但新系统背后的流程、能力和培训可能就不那么明显了，而且难以复制。更重要的是，新系统可以实现规模化。

人工智能的颠覆与权力

电力系统花了几十年的时间才实现了所谓的“颠覆”。在最初的 20 年里，它只是一些工厂和应用中的点解决方案，或者被用来照明。但当新系统被开发出来后，它改变了经济。这一变化是深远的，它将权力转移到了控制电力发电、电网以及能在大规模生产中使用电力的人身上。在那之后，人们不再想成为皮带和滑轮的制造商，也不再想成为市中心工厂房地产的持有者。

我们可以看到人工智能也在经历类似的过程。经济权力的真正转移，是将稀缺资源和资产的控制权从一群人手中转移到另一群人手中，这群人同时就有能力保护企业免受竞争压力。可以肯定的是，利用人工智能有机会做到这一点，但那些会造成颠覆的机会——重塑行业和权力分配的机会——来自新系统。新系统很难被开发，正如我们将要探讨的，它们通常很复杂，很难被复制，这为那些能够在系统创新上有所突破的人创造了机会。

但是仍然存在许多的不确定性。对人工智能而言，谁会从这些新技术中积累权力，是一个悬而未决的问题，这将取决于这些新系统的具体形态。我们的任务是为你指引方向，预测在人工智能系统的发展和采用过程中，谁可能获得权力，谁又可能失去权力。

本章要点

- 三位企业家的寓言故事发生在100多年前，其焦点是能源市场，说明了不同企业家如何抓住同一技术转变（从蒸汽到电力）来开发不同的价值主张：点解决方案（降低动力成本和摩擦导致的能量损失——没有改变工厂的系统设计）；应用解决方案（在每台机器上安装独立的电动发动机——机器是模块化的，因此一台机器的停工不会影响其他机器——没有改变工厂的系统设计）；系统解决方案（重新设计工厂——轻量化结构，单层，在空间布局、工人与材料流动方面优化了工作流程）。
- 一些价值主张更具吸引力。在电力方面，点解决方案和应用解决方案的前提是在不改变系统设计的情况下直接用电力取代蒸汽，但产生的价值有限，而最初行业采用电力速度的缓慢就体现了这一点。随着时间的推移，一些企业家发现了提供系统解决方案的机会，他们利用电力将机器与电源"脱钩"，这对于蒸汽是不可能的，或者成本太高。在许多情况下，系统解决方案的价值远超点解决方案的价值。
- 正如电力使机器与电源"脱钩"，从而促进价值主张从"降低燃料成本”转移到“能极大地提高生产力的工厂设计”一样，人工智能将预测与决策的其他方面“脱钩”，从而促进价值主张从“降低预测成本”转移到“能极大地提高生产力的产品、服务和组织设计”。

第二章

人工智能的系统未来

2017年，各类人工智能会议层出不穷。这股洪流吸引了商界人士和政府官员齐聚一堂，同时激发了学术界的热情。我们意识到人工智能有改变经济的潜力，希望吸引世界上最优秀的经济学研究人员来思考人工智能。我们在多伦多组织了一次人工智能会议，为经济学家制定了研究议程。[1]

令我们吃惊的是，这次会议吸引了一大批与会者。斯坦福大学的保罗·米尔格罗姆后来因在经济学和计算机科学领域的创新而获得诺贝尔经济学奖，他回忆起1990年收到的一份类似邀请，主题是互联网经济学，当时他拒绝了，现在感到后悔不已。他说："我清楚地记得，1990年，美国国家科学基金会问我是否有兴趣研究互联网经济学，当时我正忙于研究委托－代理理论、公司经济学和超模研究，所以我拒绝了。但这次我没有任何借口。我一定会到场的。"[2]

一些与会者对人工智能的影响持乐观态度。另一位诺贝尔经济学奖得主丹尼尔·卡尼曼说："我认为，没有什么事情是我们能做，而计算机无法通过编程完成的。"[3]曾在奥巴马总统经济顾问委员会任职的贝齐·史蒂文森总结了这种乐观情绪，她指出："经济学家认为人工智能代表着实现可观经济收益的机会。”[4]

其他人则持比较怀疑的态度。诺贝尔经济学奖得主约瑟夫·斯蒂格利茨就是其中一位担心人工智能会加剧不平等的人；经济学家、《纽约时报》前专栏作家泰勒·考恩认为人工智能的生产力会导致资源的稀缺；曾在以色列政坛工作的曼努埃尔·特拉伊滕贝格指出，如果一场变革发生，那么一项技术的长期利益就无关紧要了，这预示着人们对机器自动化的抵触情绪会不断增加，以及大众认为机器自动化会对就业产生影响。

一个特别有趣的担忧是，人工智能似乎对经济没产生什么影响。正如经济学家埃里克·布莱恩约弗森、丹尼尔·洛克和查德·西弗森所说的：

> 我们生活在一个矛盾的时代。使用人工智能的系统在越来越多的领域中与人类的水平相匹敌，甚至超越我们，并借助其他技术的快速进步推动了股票价格飙升。然而，在过去十年中，数据显示生产力下降了一半，且大多数美国人的实际收入自20世纪90年代末以来一直停滞不前。[5]

对那些研究技术史的人来说（正如我们在电力方面所看到的），这种矛盾并非前所未有。1987年，麻省理工学院的罗伯特·索洛有句名言：“各个地方都迎来了计算机时代，唯独生产力统计数据中没有。”计算机无处不在，但生产力却没有明显提高。这种模式很常见，于是经济学家开始关注“通用技术”出现时会发生什么情况，这些技术能够在诸多领域持续地提高生产力。[6]通用技术包括蒸汽机和电力，以及近些年的半导体和互联网。对我们的与会者来说，人工智能也可以被算作通用技术，而且是个不错的候选者。我们应该对此有何期望呢？从历史上看，这些技术最终改变了经济、企业的发展和工作方式，但在出现所有改变的几十年中，发生了什么呢？在这个“中间时代”又发生了什么呢？

人工智能创新系统

谷歌首席执行官桑达尔·皮查伊表示：“人工智能可能是人类有史以来最重要的事情。我认为它的影响比电力更深远。”[7]谷歌已经从人工智能中获益颇丰，但其他许多公司还没有。麻省理工学院《斯隆管理评论》和全球咨询公司BCG在2020年的一项研究中发现，仅有11%的组织表示从人工智能中获得了显著的经济效益。[8]这种结果并不是因为其他组织没有尝试，59%的组织表示有人工智能战略，57%的组织表示已经部署或试点了人工智能解决方案。

人工智能先驱吴恩达创立了谷歌大脑项目，并担任百度的首席科学家，他宣称：“人工智能是新的电力。它有潜力改变每个行业并创造巨大的经济价值。”[9]我们认同他的观点。人工智能具有改变世界的潜力，就像电力一样，但根据历史经验，这种变革将是一个漫长而曲折的过程。

电力的例子表明，对人工智能的未来保持乐观态度和对迄今为止的结果感到失望，并非固有的矛盾。布莱恩约弗森、洛克和西弗森强调了这个时代的悖论。我们应该乐观地期盼未来，同时也应该承受对当下处境的失望。事实上，在经济经历与变革性技术相关的结构调整时，我们有很好的理论性原因支持这两种情绪同时存在。

在电力的第一波浪潮中，灯泡取代了蜡烛，电动机取代了蒸汽机。这些都是点解决方案，无须进行结构调整。经济没有发生转型。

人工智能正面临相同的情况。它被用作预测分析的新工具。像

Verafin 等少数公司正在从增强版预测中受益，这是已经获得经济效益的那 11% 的公司。[10] 它们早就进行预测，而人工智能让它们的预测更好、更快、更便宜。对于人工智能来说，最容易实现的目标是点解决方案，而这些目标正在逐渐达成。

就像只有在人们理解和利用分布式发电的巨大好处后，电力的真正潜能才被释放出来一样，人工智能也只有在其提供预测的好处被充分利用时，才能真正发挥其潜能。这明确指出了预测在改善决策过程中所起的作用。我们将证明，在许多情况下，预测将改变决策的方式，以至于整个组织的决策系统和流程都需要进行调整。只有到那时，人工智能才能真正被大规模地采用。

我们正处于“中间时代”——在人工智能的显在潜能得到证明后，但在其变革性影响出现前的时代。Verafin 就像那些已经成功部署人工智能的 11% 的大型企业，因为它们的预测能够与现有系统相契合，系统操作和工作流程已经为利用这些预测做好了准备，而无须进行重大调整。

对于剩余 89% 的公司来说，它们的系统尚未做好准备。前景虽然是明朗的，但实现这一前景的路径还未明确。我们需要找到一种能够利用机器预测来更好地完成任务的方法，即利用预测来做出更好的决策。

人工智能将影响人类能做的所有事情，因为它们能够做出更好的决策。这不仅包括收集数据、构建模型和生成预测等技术挑战，还包括组织挑战，即在正确的时间让正确的人做出正确的决策。而且，它涉及战略挑战，即在获得更多的信息后，确定该如何以不同的方式去完成。

设置舞台

“中间时代”的特点是人们对点解决方案充满热情，并取得了成功，但人工智能似乎仍然是一项小众技术。不过，当前在应用解决方案方面人们有了一些发展和尝试。由于其特性，这些解决方案通常非常具体，它们改善了现有产品，如手机或汽车安全功能。

美国人口普查局询问了30多万家企业关于其使用人工智能的情况。已经采用人工智能的大型企业普遍强调利用人工智能来推动自动化和改进现有流程。换句话说，它们的人工智能是点解决方案和应用解决方案，因此系统并没有发生变化。这些人工智能对企业生产力的影响不大。[11] 观察现有工作流程，找出人工智能可以替代人类的地方，能带来重大益处，不过这是渐进式的，并不能带来巨大的机遇。

在“中间时代”，企业家和企业管理者努力使应用具有经济可行性。正如内森·罗森伯格所言，对于所有技术来说，“无数创业的失败可以归因于这样一个事实，即创业者没有考虑到他所关注的部分与系统其他部分之间相互依存的条件”。[12]

只有在创新者将注意力转向创造新的系统解决方案时，真正的变革才会发生。这些系统解决方案将人工智能引入经济范畴，并且它们会刺激应用解决方案的发展。这种潜能的扩展和后续创新将使人工智能系统具有经济效益。

鉴于这些解决方案的重要性，我们有必要全面解释一下其内涵。下面让我们定义一下三个方案的概念：

- 点解决方案改进既有程序，可以独立采用，无须改变其所嵌入的系统。

- 应用解决方案可开启新程序，可以独立采用，无须改变其所嵌入的系统。
- 系统解决方案通过改变相关程序，改进既有程序或者开启新程序。

这些定义中的重点在于“独立”这一术语，它出现在点解决方案和应用解决方案的定义中，但在系统解决方案的定义中并没有出现。想象一下，我们有一个既有的或新的程序，通过采用新技术可以使其价值更高。如果增加的价值大于开发和采用该解决方案的成本，那么该解决方案在经济上就是可行的。而且，无论其他方面是否发生改变，它在经济上都是可行的。然而，如果新技术带来的收益太低，只有通过改变其他方面才能改善，那么在没有这些改变的情况下，独立采用在经济上是不可能的，一旦采用新技术，就需要同时改变多个流程。

因此，我们看到一些工厂很容易将电力作为点解决方案，用电力替代蒸汽。而且，一些应用程序也可以与电力发动机集成，并在既有的生产系统中使用。但在许多情况下，工厂需要重新设计，只有提供整个集中式电力系统和电网，才能让解决方案具有经济可行性。换句话说，系统解决方案将电力从既有能源的替代品转变为使用新能源的机会。

在第三章中，我们将重新审视《AI 极简经济学》中的一个主题，即现代人工智能的进步本质上是预测技术的改进。此外，预测只有为决策服务才具有价值。因此，为了阐释本书所表达的主题，我们修改了之前的定义：

- 人工智能点解决方案：如果一项预测能够改善既有决策，并且该决策可以独立完成，那么该预测作为点解决方案就是有价值的。
- 人工智能应用解决方案：如果一项预测能够促成新决策或改变决策

的方式，并且该决策可以独立完成，那么该预测作为应用解决方案就是有价值的。

- 人工智能系统解决方案：如果一项预测能够改善既有决策或促成新决策，那么该预测作为系统解决方案就是有价值的，但前提是其他决策方式发生了改变。

对于其他技术，虽然我们可以做“事后诸葛亮”，准确判断什么是独立的、什么是相互依赖的，但对于人工智能，我们仍须弄清楚系统的各个方面。本书就能帮助我们厘清这些问题。

系统变革是颠覆性的

根据历史经验，人工智能采用规模的巨大增长将来自系统变革，而这种变革也会是颠覆性的。所谓颠覆性，是指它将改变许多人和企业在行业内的角色，同时伴随着这些变化，引发权力的转移。也就是说，如果系统变革发生得相对迅速，则很可能会产生经济上的赢家和输家。

我们可以通过农业中的预测来感受这种颠覆性。农业是一个因机械化而大幅减少就业人数的行业，但是农场管理权仍然掌握在农民手中。尽管农场规模庞大，但决策权仍在农民手中，许多农场仍然归农民所有。农民利用天气预报来做决策，但一般而言，农民在预测和决策方面的技能与他们自身土地的特点紧密相关。

然而，情况正在发生变化。农民容易受天气条件的影响，但关键是，他们所受影响会因农作物和当地的土地条件而不同。这种风险是大卫·弗里德伯格（他是第一个通过互联网提供天气预报的人）在试图向美国农民销售保险时意识到的。除了天气数据，美国政府还拥有

2 900 万块农田的红外卫星图像和土壤成分数据，这使弗里德伯格能够计算出与农田或农作物相关的天气风险。[13]

弗里德伯格创办了气候公司，并向农民销售保险，但他很快就发现农民对他所掌握的与田地有关的数据也非常感兴趣：

> 他向农民展示了田地在任何时刻所含的湿度——如果超过一定水平，耕作就会对田地造成损害。他每天向农民展示降雨和温度情况——你可能认为农民知道这些，但农民可能管理着二三十块不同的田地，且这些田地分布在几个县里。他向农民展示了农作物的精确生长阶段、最佳施肥时机、播种的最佳 8 天及理想的收获日期。[14]

预测对于农民的关键决策有着重要驱动力：施肥、播种和收获。这些决策的目标几乎在哪儿都一样，即最大限度地提高产量。农业生产总是与农民的直觉判断有关，而气候公司将农业变成了决策科学及一种概率问题。农民不再玩轮盘赌博，而是玩 21 点，大卫 · 弗里德伯格所做的就是帮助农民算牌。[15]

农民习惯看到技术变革以他们能够使用的新工具形式出现，但预测正在改变他们的决策方式。事实上，这些决策不仅发生了变化，而且发生了转移。转移到了哪里？——远离美国农村的旧金山。这家位于美国西海岸的城市公司告诉堪萨斯州的农民：不应该再种植玉米了。

目前气候公司并不负责所有的农业决策，农民仍会做出一些关键决策。然而，正如弗里德伯格所指出的："随着时间的推移，这些决策将会减少至零。一切都将被观察到，一切都将被预测。"[16]农民正在逐步接受这一点。作家迈克尔 · 刘易斯回忆道："从来没有人问过弗里德伯格这个问题：如果我的知识不再有用，那我还有用吗？"[17]

换句话说，这预示着农场管理将走向颠覆和集中化。我们不知道这需要多长时间，也不知道有些决策是否无法自动化。我们知道的是，业界认为这些工具潜力巨大。孟山都公司在2013年以11亿美元收购了弗里德伯格创办的气候公司。

随着预测机器的不断改进，农民不仅接受预测并做出决策，而且会将决策权让渡给他人。这可能会优化农场管理，因为拥有正确的信息、技能、激励措施和协调能力的人会做出更好的决策。但与此同时，农民将会扮演什么角色呢？他们现在是土地的所有者，但在这种变革之前，他们还能拥有土地多久呢？

本书主要内容

这本书的目的是开启人工智能系统解决方案之路。我们所关注的重点是决策和预测在其中所起的作用。

在第一部分，我们讨论了三位企业家的寓言，并介绍了在"中间时代"开发和部署人工智能所面临的挑战，这些挑战可能与电力以及过去其他通用技术所遇到的问题类似。为了更好地理解这些挑战和机遇，在第三章中，我们重温了《AI极简经济学》的主题，并描述了人工智能的核心是如何与预测相关的。

在第二部分，为了证明对于预测来说，仅靠点解决方案是不足以产生高价值的，我们深入探讨了决策过程。我们探索了三个普遍的主题。第一，做决策是困难的。相较于简单地遵循规则，它涉及认知成本。决策的好处在于能够根据新信息改变行动。当没有预测时，这些好处就不明显了。第二，人工智能预测可能会打破遵循规则的做事方式，让人们去做出决策，而规则和保护组织免受不利后果影响的相应措施可能会掩盖不确定性。因此，很难确定在哪里应用人工智能，因为不确定性被隐藏了。与此同时，这里也是最能强烈地感受到颠覆性的地方。如果不确定性浮出水面，那么努力将其隐藏起来的企业将面临危险。第三，决策之间的关系。当决策相互作用时，从规则转向由预测驱动的决策，实际上给系统增加了一定程度的不可靠性，而要克服这一点往往需要整个系统的变革。问题在于规则通常以微妙且不明显的方式，将既有系统紧密地联系在一起。因此，相较于改变现有系统，从头构建一个新系统可能更容易。所以，从历史上看，在需要对整个系统进行重新设计以实现优化时，新进入者和初创企业的表现往往优于成熟企业。因此，系统变革是颠覆在位企业的一个途径。

在第三部分，我们讨论了创建新系统的过程，这不仅涉及改变一个决策来应对预测，而且要使所有相互作用的决策都能发生变化。我们描述了采用系统思维和观察决策之间微妙关系的价值，尤其是以前有很多决策是由规则控制的。我们展示了人工智能预测已经对创新过程产生系统变革的影响，这让我们得以了解其他领域可能需要的变革。

在第四部分，我们揭示了整个系统变革的一个重要结果：对权力的影响。颠覆是一个过程，它与经济权力的重新分配有关——也就是说，在新系统下，创造最大经济价值的人将发生变化。我们回顾了较为近期的历史，解释了改变行业的颠覆是如何与整个系统的变革联系在一起的。同时，我们着眼于伴随人工智能出现的与权力相关的一种恐惧：机器是否会掌握权力。我们认为，人工智能的核心是预测且服务于决策，权力并非来自机器——尽管它们可能看起来很强大——而是来自机器背后的人，这些人引导它们如何对预测做出反应，而这就是我们所说的判断。随后，我们探讨了更好的预测能给相互竞争的企业带来哪些优势，以及支撑预测的数据。换句话说，预测如何推动权力的累积。

在第五部分，我们深入探讨了预测如何改变权力拥有者的机制，即人工智能如何进行颠覆。我们解释了人工智能的采用是如何将预测和判断“脱钩”的，在没有预测机器时，决策者是把预测和判断放在一起做出决策的。这引发了一个问题，即当前的决策者是否真的最适合去做出判断。然后，我们转向了“脱钩”后可能主导判断的人。我们探讨了判断如何从分散化转变为规模化，从而导致权力的集中。同样地，当预测涉及从规则到决策再到新系统的变化时，新的主导人在决策中发挥作用，因此成为新的权力中心。

在第六部分，我们讨论了系统设计，特别是针对建立在新的人工智能发展基础上的可靠系统，并提供了一个工具，帮助理解企业或行业是一个决策（或潜在决策）系统。当你获得强大的预测机器时，需要采取白板思维的方法，将你的任务与一小部分最基础的决策相匹配。我们首先解释了家庭保险业是如何做到这一点的，然后研究了医疗保健是如何实现这一点的，因为它已经在系统层面上面临来自人工智能应用的挑战。

最后，本书以很多人关注的对人工智能偏见的事例结尾。我们认为，将对人工智能的偏见视为一个点解决方案，可能导致部分人群对采用预测机器的合理抵制。但是，从系统思维的角度来看待偏见更加恰当。一旦我们了解到系统是如何调整以适应人工智能预测的，就会更容易看到人工智能是有机会消除偏见，而不会造成偏见的。

总体而言，由人工智能驱动的行业转型需要时间。刚开始人们并不清楚怎么做，许多人可能会进行试验然后失败，因为他们误解了需求，或者他们无法保证单位经济效益。最终，有人将取得成功，开辟出一条盈利之路。其他人会尝试模仿，行业领导者将试图修筑壁垒以保护其优势，有时这种做法有效。不过无论如何，行业都将发生转变，而且一如既往地会有赢家和输家。

本章要点

- 尽管人工智能具有令人震撼的预测能力，但在过去十年中，生产力下降了一半，自 20 世纪 90 年代末以来，大多数美国人的实际收入一直停滞不前。这种生产力悖论并非新鲜事。我们在 20 世纪 80 年代的计算机时代也经历过类似的情况。我们称之为“中间时代”，即在见证了人工智能的力量后与实现其广泛应用前景前的时代。虽然点解决方案和应用解决方案可以相对快速地设计和实施，但能够释放人工智能巨大潜能的系统解决方案需要更多时间。
- 定义三种类型的人工智能解决方案（点解决方案、应用解决方案和系统解决方案）的关键概念是独立性。如果人工智能预测可以通过改善关键决策而创造价值，并且该价值创造独立于系统的其他任何变化，那么点解决方案（改善后的现有决策）或应用解决方案（新决策）是可行的。然而，如果改善后的决策价值不是独立的，而是需要对系统进行其他实质性改变才能创造价值的，那么就需要系统解决方案。
- 系统解决方案通常比点解决方案或应用解决方案更难以实施，因为由人工智能改善的决策会影响系统中的其他决策。而点解决方案和应用解决方案往往会强化既有系统，系统解决方案（顾名思义）则会推翻既有解决方案，因此通常会导致颠覆。然而，在许多情况下，系统解决方案可能会给人工智能的投资带来最大的整体回报。此外，系统解决方案可能会在某些行业引起颠覆，造成赢家和输家。

第三章

人工智能是预测技术

在《AI极简经济学》中，我们研究了人工智能的简单经济学。我们将与人工智能相关的所有潜在复杂性和大肆宣传简化为一个要素：预测。将令人兴奋的新事物还原为不那么耸人听闻的事物本质，是经济学家进行研究的关键工具。

提到人工智能，人们会想到流行文化中的智能机器；人们会想到像R2-D2或瓦力（WALL-E）这样有用的机器人；人们会想到像《星际迷航》中的Data或《钢铁侠》中J.A.R.V.I.S.这样的出色队友；人们也会想到像《2001：太空漫游》中的HAL 9000或《复仇者联盟》中奥创（Ultron）那样的反叛者。无论它们有什么怪癖或意图，这些人工智能的代表都有一个共同点：没有人质疑它们可以像人类一样思考、推理和行动。

虽然未来我们可能会开发出能做到这一切的技术，但今天我们并没有。我们拥有的是统计技术的进步，而不是一种能思考的东西。但是，统计技术的进步非常重要。随着这一进步发挥出其潜力，它将大幅降低预测的成本，而我们无时无刻不在做预测。

近年来，作为人工智能领域的里程碑事件，机器学习中一种新技术——“深度学习”展示了其优越性。2012 年，由杰弗里 · 辛顿领导的多伦多大学团队运用深度学习大大提升了机器在图像识别方面的能力。团队利用一个名为 ImageNet 的数百万图像数据集，在过去十年里一直努力设计算法来准确识别图像中的内容。该数据集利用人类对图像内容的分类对每张图像进行了标注。思路是拿这个数据集来开发算法，然后再用新的图像强化这种算法。之后算法和人类会进行一场较量，看谁能更准确地识别出图像中的内容。对于这项任务，尽管人类的表现并不完美，但在 2012 年前，人类的表现依然远超任何算法。在 2012 年，情况开始发生改变。

深度学习将识别图像中的内容视为一种预测问题。目标是当给定一张新的图像时，预测人类最有可能说出图像的内容是什么。在面对小狗的图像时，任务不是理解构成小狗图像的本质要素，而是猜测图中的物体最有可能是现有标签中的哪一个。因此，目标就是猜出哪个标签最有可能正确，而这就是预测。通过允许使用大量属性及其组合进行计算（这在计算上是很复杂的），多伦多大学团队展示了深度学习能够胜过其他算法，最终胜过大多数人类。

这种描述可能使人感觉机器不过是在“即兴发挥”，而不是解决问题，但机器的这种“即兴发挥”是非常高效的。机器预测之所以有用，是因为它比其他任何方法都更精确。原因在于，预测是决策过程的关键。

补足预测

预测并非决策过程的唯一要素。要想理解预测的重要性，就有必要了解决策的另外两个关键要素：判断和数据。我们可以通过一个例子来更好地做出解释。

在电影《我，机器人》中，侦探戴尔·斯普纳生活在机器人为人类服务的未来世界。这位侦探讨厌机器人，并且这种仇恨推动了故事的发展。电影讲述了为何斯普纳对机器人怀有敌意。

斯普纳的汽车与一辆载着一位 12 岁女孩的车发生过事故。当时两辆车驶离了桥面，在侦探和女孩快要被淹死时，一个机器人出现并救了侦探，却没有救女孩。但是侦探却认为机器人应该先救女孩，从此对机器人怀恨在心。

由于对方是机器人，斯普纳可以审查它是如何做出决策的。事后他了解到，机器人预测他的生存概率为 45%，而女孩只有 11%。由于机器人只能救一个人，所以选择了救他。但斯普纳认为，11%的概率足以让机器人去尝试救女孩，要是人类就会明白这一点。

也许斯普纳说的是对的。这就是判断——在特定环境中确定某种行动回报的过程。如果救女孩是正确的决策，那么我们可以推断，斯普纳认为女孩的生命价值是他自己的 4 倍以上。如果女孩有 11%的生存概率，而他有 45%，那么在获得这些信息的基础上被迫做出选择的人，就必须明确他们生命的相对价值。该机器人显然被编程为判定所有人类的生命都具有相等的价值。因此在使用预测机器时，我们需要明确与判断有关的所有信息。

相关性和因果关系

数据提供了能够进行预测的信息。人工智能获取的高质量数据越多，预测就越准确。在这里，质量是指你拥有与预测有关的背景数据，统计学家称之为在数据的支持下进行预测的必要性。如果你从现有数据中过度推测，那么预测结果可能不准确。

在数据的支持下进行预测，并不像收集各种环境中的数据那样简单，这是为了确保你不会过度推测或对未来预测过多。有时你需要的数据并不存在。这正是在统计学课上不断被强调的一点：相关性不一定意味着因果关系。

在美国的玩具行业中，广告与收入之间有很强的相关性。广告通常在每年 11 月底前急剧增加，并在一个月内保持高位。在这个广告投入较高的时段内，玩具销售非常火爆。仅从数据来看，人们可能会忍不住在这一年的其他时间段也增加广告。如果玩具行业在春季早期像圣诞节前一个月那样进行广告宣传，那么无疑可以增加 4 月的收入。

不过该行业并未这样做。事实是，4 月的玩具广告投入远低于 12 月。这意味着任何关于在 4 月增加广告投入可能发生的情况预测，都不符合数据的支持。从广告和收入之间的月度相关性来看，你无法确定是广告导致了盈利，还是圣诞节影响了二者。这种相关性可能是因果关系，因此在 4 月增加广告投入可能会导致玩具销量大幅增长。当然，也有可能并不是广告导致了 12 月的销量增长。相反，是人们对圣诞节的期待引发了广告投入增加和销量增长。广告确实可能导致 12 月的销量增长，但由于 4 月购买玩具的人非常少，所以在那个时段可能没有太大影响。

换句话说，如果行业的广告策略发生变化，那么仅凭预测机器本身，是无法获得相关信息判断 4 月的玩具销量的。[1] 要想发现其中的关系，需要使用一种名为“因果推断”的统计学方法。与人工智能一样，这个领域在过去几年里也取得了重大进展（2021 年诺贝尔经济学奖颁发给了在因果关系分析方面取得突破的研究者），越来越清楚的是，这些工具本身是人工智能的补充，为人工智能提供了实现有效预测所需的数据，以便在许多情况下发挥作用。全球顶尖的人工智能公司也认识到了这一点。例如，2021 年诺贝尔经济学奖得主中有两位是亚马逊公司的员工。除了做学术研究，吉多·因本斯还是亚马逊核心人工智能团队的科学家，戴维·卡德也是亚马逊公司的学者。[2]

因果推断的难题将人工智能的有用性限制在可能收集相关数据的领域。人工智能非常擅长玩游戏，包括国际象棋、围棋和《超级马里奥兄弟》等。游戏的设置都是相同的，因此不需要从过去的数据过度推测到当前的游戏中。此外，因为游戏是软件，可以对数据中不存在的情况进行模拟实验。这些实验使人工智能能够补充其余的数据，探索如果按下不同的按键或尝试新策略会发生什么。这就是谷歌旗下人工智能公司 DeepMind 的阿尔法围棋和阿尔法元在围棋游戏中发现获胜策略的方法，而这些策略在高水平的竞技游戏中没有被成功使用过。DeepMind 进行了数百万次模拟实验，使机器通过模拟尝试几种不同的方法来学习预测获胜策略。[3]

在许多商业场景中，数据是可得的。当数据不可得时，通常可以通过实验来收集数据。商业场景的实验比游戏要花费更长的时间，因为它是以人类的速度而不是计算机模拟的速度进行的。尽管如此，这仍然是一种强大的工具，可以收集相关数据，对人工智能有所助益。

随机实验是统计学家发现因果关系的主要工具，也是批准新型医疗方法的黄金准则。一组人被随机分配接受治疗，另一组人使用安慰剂。虽然这两组并不相同——因为两组人是不同的——但这些差异是偶然的结果。通过分配给每组足够多的人，你可以观察治疗是否有效果。通过进行科学的实验，通常可以补充所需的数据，从而得出因果关系，而不仅是相关性。

有时，这种模拟且随机的甚至是准随机的数据收集可能很难完成，或者根本无法做到。极端情况是在军事环境中应用人工智能。起初，战争可能是应用人工智能的理想场所。正如军事理论家卡尔·冯·克劳塞维茨在19世纪所说，“战争是不确定性的王国”。预测可以减少不确定性，从而产生强大的军事优势。然而，难题在于战争对手。在战争中，“如果人工智能变得善于优化任何特定问题的解决方案，那么聪明的敌人就会积极地去改变问题”。[4]敌人将超越训练集，和平时期的数据将毫无用处。

这种想法也适用于商业环境。当没有竞争对手主动破坏预测，或者没有客户主动绕过预测时，预测就会有效。当某个客户通过逆向工程获取了你的人工智能关键技术，并向其提供虚假信息时，人工智能往往只会为你的目标服务（只要客户不发现它是如何工作的）。而当预测不支持你的数据，并出现因果推断问题时，点解决方案可以完成的情况，通常就需要系统层面的改变。尽管如此，对于已经从人工智能获得价值的那11%的公司来说，预测通常基于它们手头的数据，因此人工智能点解决方案还是有效的。

位于核心的预测

让我们来试着做一个决策：是接受还是拒绝一项金融交易。决策的关键在于欺诈预测，这是Verafin业务的核心。有一项涉及支付请求的交易，即从一个账户转账到另一个账户。如果交易获得批准，资金将被转移，这就引发了商品和服务的交换；如果交易未获得批准，则不会转移资金，这可能会阻碍真实的工作进程。交易之所以需要支付批准，是因为犯错需要付出代价。批准与没有账户的人的交易，将导致一系列的债务和问题；拒绝不会引起这类问题的交易，则会破坏整个流程背后的现实世界的活动。

你可能希望拥有一个完全避免错误的系统，这并非不可能。随着时间的推移，并经过仔细的审查，银行有可能做到这一点。但问题是，完全避免错误的代价是非常高的。它将延缓进程，增加交易成本，并以其他方式剥夺人们在交易中希望获得的便利。毕竟，如果通过数字信息批准账户条目的交易成本太高，那么使用现金会更好。

为了使该系统发挥作用，银行进行了一场推测游戏。它们必须减少可能犯下的推测错误。如果它们严格对待审批，那么就有可能拒绝许多合法交易，最终导致客户的不满；如果它们在审批上过于宽松，那么最终会给欺诈者创造非法交易的机会，并且很难追回错放的资金，这会直接损害银行利润。因此，它们推测并严格设置门槛，以减少不可避免地会犯的两个错误。

人工智能使银行在推测游戏中表现得更好并减少了错误的发生。作为研究过去十年人工智能新进展的经济学家，我们意识到自己的任务就是打破炒作。人工智能吸引了哲学家、电影制作人、未来学家、末日论者等许多人的注意力，他们可以让你的晚餐聚会更加有趣。我们则扮演着相反的角色。我们从计算机科学的成功之处获得线索，并将人工智能的所有进展，如神经网络、机器学习、深度学习或对抗性优化，归结为统计学的进步——这是一个很大的进步，即预测的统计学。因此，与其说人工智能参与了打击欺诈的斗争，不如说人工智能实际上是在提高银行的辨别能力，以更低的成本将合法交易与欺诈交易区分开，也就是预测。

现在的人工智能是一种预测机器，仅此而已。对于 Verafin 来说，这正是它想要的。要使现代支付系统发挥作用，就需要高度的自动化。你希望在审批交易时有十足的把握，这就是人工智能的用武之地。它将银行关于客户、行为模式、交易时间和交易地点的大量信息，转化为对交易是否合法的预测。在过去的 20 年里，预测的准确性得到了提高。目前，金融机构广泛采用人工智能进行欺诈检测，并声称在准确性方面取得了实质性的进步。[5]

预测是Verafin的业务，由于人工智能是预测技术的巨大进步，像Verafin这样的公司必将成为它的早期受益者。银行和其他金融机构过去一直在做预测。审批是它们的业务，这些决策做得越好，它们的工作就做得越出色。而且，它们可以利用能获得的所有信息。事实证明，Verafin能够利用数千家金融机构及其客户的交易来学习和完善算法，从而提供信息。这并不是说因为Verafin有着近20年的经验，在预测方面取得市场领先地位就是小菜一碟。这里的重点是，预测一直是Verafin的业务，而人工智能为它创造了提高竞争力的机会。

超越预测

这本书并不是用来讲述像Verafin这样的公司的，但Verafin非常引人注目，因为它说明了人工智能的采用和影响是一个例外，而不是一个规则。对Verafin来说，一切都很顺利。第一，作为人工智能的主要产出，预测是其业务的核心所在；第二，对于其客户（金融机构）而言，采用Verafin的产品几乎不用改变什么，因为预测也是它们业务的核心；第三，这些企业已经在预测的基础上做出了决策，它们知道如何处理这些预测，而且习惯于处理预测错误的后果，因此可以安全地部署人工智能。银行已经准备好进行点解决方案创新。

最重要的是，Verafin已经在一个准备好采用人工智能的系统中运作。该系统无须做出改变，也无须创造一个新的决策方式。Verafin已经为企业提供了预测，这些企业知道它们需要什么样的预测，而且已经为利用这些预测做好了准备，最重要的是，它们能够根据这些预测调整方向。

对大多数企业来说，现在和未来都可以从人工智能的采用中受益，这将是一个更具挑战性的过程。如果你的企业想采用人工智能，那么很可能需要清理灌木丛，甚至是整片森林，然后才能实施人工智能。本书就在讲述这个清理过程——确定需要改变什么，以及在实施这种改变时将面临的困境和挑战。我们指的是系统变革，而不是你可以在保持既有系统不变的情况下所实施的点解决方案或应用解决方案。了解你要做的是什么，是确定这一切是否值得的关键一步。

阐明挑战

《AI 极简经济学》中最常被引用的部分源于一个思想实验：亚马逊使用人工智能来预测消费者可能想购买的商品。当你在亚马逊网站上购物时，从数千万选项中为你推荐的商品会受这些预测的影响。你会浏览它的推荐并购买其中的一些商品，然后这些商品会被寄送给你。从你开始购物到商品送达一般需要几天的时间。

在这种情况下，如果亚马逊对你想购买商品的预测变得更精准，那会发生什么？亚马逊将预测你想要什么，然后直接把商品寄送给你，并请你在门口签收或拒绝。这省去了你购物所花费的时间。换句话说，亚马逊根据它的预测向你发货，然后你从送到家门口的包裹里购物。我们称之为从“先购物再发货”到“先发货再购物”的转变。虽然有些人可能觉得商品突然出现在家门口有点儿吓人，但不难想象这可能会非常方便。

“先发货再购物”是我们设想的一种应用解决方案。它将采取预测的方式，让亚马逊决定是否发货，而不是由客户决定。许多人认为购物是一种负担，所以更精准的预测就提供了一种解决方案，让购物的成本降低。

虽然亚马逊还未这样做，但它正在进行尝试。它已经申请了“预期发货”（anticipatory shipping）的专利，但其实施方式还有些保守。[6]例如，它经常向消费者提供订阅产品的选项，而不是主动下单购买。它是如何做到的呢？它会关注你的家庭使用了多少卫生纸，并定期提供该产品。这为亚马逊带来了需求的确定性，同时，它通过给订阅用户提供折扣来为用户节省成本。

然而，一旦超越思想实验，你就会明白实施“先发货再购物”是一个重大的挑战。如果预测是完美的，这似乎并不是一个麻烦的应用解决方案。但是预测并不完美，而且可能永远不会完美。为此，亚马逊需要用一种方式来回收你拒绝签收的产品。确保产品的安全交付已经很困难了，更别提将它们放在门口等待退货了。退货对消费者来说也是一件麻烦事。因此，如果没有一个几乎零成本的退货系统，亚马逊的“先发货再购物”就很可能无法迈出第一步。事实上，亚马逊已经面临非常多的退货问题，以至于它不再销售退货产品，而是直接将它们丢弃。[7]基于亚马逊现有系统，扔掉退货产品，比将这些产品重新放入物流系统更节省成本。这里的教训是，“先发货再购物”虽然看似是一个应用解决方案，但它需要改变系统的其他方面，才能实现更经济高效的购物方式。[8]因此“先发货再购物”其实是一个系统解决方案，因为它影响到其他关键决策，并需要重新设计亚马逊的系统，以便实现更具经济效益的退货处理方式，而我们撰写《AI极简经济学》时并没有意识到这一点。

现在怎么办

“好吧，现在怎么办？”这是许多开始采用人工智能技术的企业和组织问我们的问题。这些公司听到了关于人工智能的大肆宣传，并按照我们在《AI极简经济学》一书中提出的方法，开始了人工智能之旅。这些公司成立了团队来研究这个课题，并确定了利用人工智能所能提供的机会：预测。预测是将现有信息转化为所需信息的过程。正如我们在上一本书中所写的那样，最近的人工智能创新都是使预测朝着更好、更快、更廉价的方向发展。

如今这些成果已经非常普遍。例如，你的手机应用了很多人工智能技术。当你解锁手机时，它能轻松识别出你的面容，你甚至感觉不到手机在一个安全屏障后面只允许你从前面进入，其根据对你在特定时刻可能有所需的预测，为你展示相关的应用程序。当你在你最喜欢的咖啡馆附近时，是否想要点餐？当你在汽车里时，是否需要导航？手机什么都知道，但它只是在为你提供方便。问题是，目前人工智能预测的红利都已被分食殆尽，企业想问："难道仅此而已吗？"

这本书就是对这一问题的答案：不是。尽管人工智能似乎已经无处不在，但就像之前的许多其他突破性技术一样，它才刚刚起步。重要的技术革命，如电力、内燃机和半导体，都是缓慢起步的，花费了几十年才发展壮大。人工智能预测也会是如此，尽管有人认为它代表了某种技术变革加速模式。

我们不是在坐过山车，任由我们无法控制的力量摆布，我们就在机会旁边——处在"中间时代"。能够回答"现在怎么办"这一问题的人和企业将为人工智能的发展指明方向。

作为经济学家，我们寻求经济力量来指导我们回答这些问题。简单的经济学认为，预测成本的下降会出现更多的预测应用，然而，我们深入研究了一个事实，即人们和企业做出决策，并不是一个快速发现最佳答案的过程，而是基于深思熟虑、决策过程和决策成本做出的。

若想要利用预测，你就需要思考如何使用该预测，以及决策者之前在没有该预测的情况下是如何应对的。当你缺少某样东西时，不要放弃，而要想办法进行弥补。如果你没有掌握做出明智选择所需的信息，就要避免自己遭受盲目行动造成的不利后果。因此，当人工智能预测出现时，它带来的机会并不会立刻显现。决策者已经在没有所需信息的基础上建立了一种应对框架。

这意味着要想确定下一步该怎么做，不仅需要更仔细地研究预测可能带来的效果，还要审视已经建立的阻碍我们提出这个问题的壁垒。我们将对决策进行解构，为你提供一个工具包，让你看到超越人工智能预测的机遇，以及人工智能预测带来的不太明显但可能更重要的机遇。

本章要点

- 人工智能的最新进展导致预测成本的降低。我们利用预测来获取已有的信息（例如，过去的金融交易是否存在欺诈行为），并生成我们所需的但没有的数据（例如，当前的金融交易是否存在欺诈行为）。预测是决策的关键。当预测成本下降时，我们就会使用更多的预测。因此，随着预测成本的降低，我们将使用更多的人工智能，机器预测替代品（如人类预测）的价值也将下降。与此同时，机器预测补充物的价值将上升。机器预测的两个主要补充物分别是数据和判断。我们使用数据来训练人工智能模型。我们使用判断和预测来做出决策。预测是一种可能性表达，而判断是对我们想要的东西的表达。因此，当我们做出决策时，我们会考虑该决策产生的每种合理结果的可能性（预测），以及我们对每种结果的重视程度（判断）。
- 也许人工智能预测的最大误用是把它们所识别的相关性当作因果关系。通常情况下，相关性对于应用来说已经足够。然而，如果我们需要人工智能来确定因果关系，我们就会使用随机实验来收集相关数据。这些实验是统计学家发现因果关系的最佳工具。

- 在《AI 极简经济学》中，我们介绍了一个关于亚马逊推荐系统的思想实验。我们想象了如果它变得越来越精确会发生什么。起初，该工具在向顾客推荐商品方面会做得更好。随后在某个时候，它跨越了阈值，变得极其智能，以至于亚马逊的人可能会问："既然我们如此擅长预测客户想要什么，我们为什么还要等他们来订购呢？让我们直接发货吧。"尽管亚马逊在"预期发货"领域申请了专利，但它还没有采用这种新的商业模式。为什么呢？原来的点解决方案（人工智能在现有平台上给出更好的推荐）正在使用当前的亚马逊系统。新模式将要求亚马逊重新设计其系统，特别是在如何处理退货问题方面。目前，亚马逊退货系统的成本很高，以至于丢弃退货产品比将其重新上架出售给其他客户更加划算。这一思想实验中的阈值要求从点解决方案转移到系统解决方案，在《AI 极简经济学》中，我们没有充分认识到两者的差异。

第二部分

规　则

第四章

决策：做还是不做

嘘，你想知道一个秘密吗？其实，经济学家并不相信人是完全理性的。一位精打细算的代理人，仔细列出了人们所面临的时间和空间上的所有选择，无论是目标、利润、幸福感还是其他什么，代理人都心中有数，然后做出选择并严格按照计划执行。从表面上看，这种完全理性的代理人往往只出现在经济学家的模型中。然而，经济学家确实在认真对待这些模型的预测。不过他们知道，仅从经验来看，现实中的人们与这种理性形象之间还存在距离。每当人们说“经济学家相信每个人都是理性的”时，经济学家都不以为然，因为他们才不相信。要是信了，那才是非常不理性的。

尽管如此，把人看作精明且一贯按照利益原则行事的群体，对于理解成千上万人的行为还是有用的。例如，征收烟草税是否会减少吸烟？当然会有影响，如果吸烟成本增加，人们就会减少吸烟。不过能减少多少，以及单凭这一方式是否足够则是另外一回事儿了。你需要了解人们的经历、压力、社交群体以及烟草公司所采用的营销技巧。但对于社会中的许多问题来说，一个很好的起点是意识到人们做出决定是要经过深思熟虑的。

人们每天都在决定穿什么衣服。无论什么场合或天气，史蒂夫·乔布斯的标志性穿搭就是黑色高领衫和牛仔裤；马克·扎克伯格也穿牛仔裤，不过他选择搭配一件灰色T恤；巴拉克·奥巴马在担任美国总统期间，只穿灰色或蓝色西装，他向《名利场》的作者迈克尔·刘易斯解释了原因：

> "你会发现我只穿灰色或蓝色西装，"奥巴马说，"我试图减少做决策的次数。我不想花时间决定吃什么、穿什么，因为我有太多其他的决策要做。"他提到了一项研究，该研究显示，一个人仅是做个简单的决定就会降低进一步做决策的能力。这就是为什么购物如此耗费精力。"你需要把你做决策的能量集中起来，并使其成为一种日常。你不能被琐事分散注意力。"[1]

乔舒亚·甘斯非常喜欢一款鞋子，他曾经一次性买断这款鞋子的全球供应（如果你一定要知道数量的话，答案是6双），因为他十年内不想再买鞋子了。人们所有这些做法都是为了避免做决策。当人们形成习惯或遵守规则时，会认为再做优化的成本太高，因此决定不做决策。这种情况是无处不在的。试想一下你自己，你会发现你做的大部分决策都不是真正的决策，而是潜在的决策，是那些你可以做但选择不去做的事情。

在一本关于人工智能的书里提到：要达成目标是一项巨大的挑战。只有在做决策时，人工智能的预测才有用，但不止于此。通常，要想把相互依赖的部分构建成系统，我们会在可靠性方面做投入。你肯定不希望某个部分做出其他部分不希望出现或预期之外的事情，会想让其变得可靠。规则就是用来支持系统的可靠性的。然而，如果人工智能预测打破规则并将其转化为决策，那么后果就是现有系统丧失了可靠性。除非你可以重新设计系统以适应人工智能所带来的决策，否则使用人工智能可能将毫无意义。

这就是为什么我们要从不做决策开始。我们想要了解为什么我们会这样做，目的是评估采用人工智能是否能改变我们的想法，并将那些潜在的决策转化为真正的决策。正如你将在本章中读到的，我们相信人工智能可以做到这一点，并且可能会给企业调整带来巨大的好处和影响。

一劳永逸

不做决策比做决策更轻松。也就是说，不收集、处理信息，不权衡所有选择，不做决策，这当然更容易。经济大体是在这个前提下运行的，尽管我们并不认为他人会按照我们的方式做决策，但经济体系依然会给其他参与者分配决策任务。

没有人比赫伯特·西蒙更明白这一点了。他不仅因有限理性理论获得了诺贝尔经济学奖，还作为人工智能先驱之一获得了图灵奖。他的第一份工作是在密尔沃基公园的一个部门，那时他发现部门的活动经费没有得到最优分配，人们并没有以经济学家模拟的方式进行优化，这一点随着计算机的到来而得到证实。[2] 20 世纪 50 年代，当西蒙试图将新型计算机编程为智能决策者时，意识到了优化的成本。如今，即使我们理解了复杂环境中所需的高级动态计算——但事实上我们并不理解——我们也没有足够的精力解决随之而来的决策问题。由于只能利用有限的计算资源，人们就会像西蒙一样，在这样的计算机条件下将就着使用。

西蒙巧妙地将“将就”这一词语称为“满足决策”，即不要过分追求完美。与其寻找最优方案，不如采取当下最佳行动方案；与其处理复杂的环境，不如缩小选择范围；与其根据接收的新信息不断更新选择，不如采用不受新信息影响的规则、常规和习惯，从而完全忽略新信息。

然而，仅指出人们有时会遵守默认规则而不去做决策，虽然这很有趣，但对我们的目标来说是不够的。我们需要了解人们何时会做出决策、是什么决定了特定问题需要遵守默认规则，以及何时要遵守默认规则，而不是以主动的决策来解决它。

不严重的后果

两种因素推动着决策的制定：决策后果的轻重和信息成本。我们将信息成本放在一边，此刻先考虑决策的后果。在哲学中，一个常见的观点是，当决策后果不严重时，我们不应该让自己太劳累。最典型的比喻来自法国哲学家让·布里丹，他认为，处在干草堆和一桶水之间的驴子会选择离它更近的那个。要是无法打破僵局并做出选择，驴子就会饿死。我们可以想象，类似的难题会让计算机陷入循环。[3]但是，就我们的目的而言，问题在于相对于决策的后果，做决策所花费的时间不应该那么多。

我们再看看乔布斯、扎克伯格和奥巴马的着装规则，这些规则旨在减少他们的认知成本。他们都觉得选择一件衣服的后果并不严重。面对一柜子的衣服，人们每天都被迫做出一些微不足道的选择。人们本可以闭上眼睛，随意选择摸到的第一件衣服，但是他们不信任自己。因此，他们有意限制了自己的选择。

对于大多数人来说，决策的后果并非如此无关紧要。当然，乔布斯和扎克伯格可以穿任何他们想穿的衣服去上班。的确，奥巴马大多数时候必须穿西装，大家并不会真的在乎它的颜色——只要不是棕褐色就行。[4]但是我们其他人并没有那样奢侈的条件。你真的每天都会看一遍整个衣橱吗？还是你已经将衣服整理成套，平时从里面拿就行呢？仔细想想，我们很多人是否通过限制选择，从而使决策变得更容易？我们试图降低这些事情的重要性，以减少决策的复杂性。

选择衣服的例子让人产生共鸣，如果你试图优化决策，会发现决策的后果可能并不严重，但认知成本却相对较高。不过，后果和认知成本是相辅相成的。想象一下在择一人终老或育一子成人等事情上，做出错误选择的后果是十分严重的，所以需要花费大量时间和精力来进行深思熟虑。因此，如果我们把潜在的决策看作在做决策前需要花费时间和精力考虑的事情，而不是通过拖延或遵循默认规则来搁置这些决策，那么随着我们认识到更严重的后果，将更愿意再三思考，而不是不做决策。

昂贵的信息成本

能否积极做决策的第二个因素是你是否掌握信息，或者具体来说，你是否有足够的信息成本做决策。昂贵的信息成本可能会让一个决策看似不会造成什么严重后果，因此你可能会遵守默认规则而非深谋远虑。

你今天应该带雨伞吗？虽然对很多人来说这个选择无关紧要，但它造成的后果可能非同一般。如果你选择不带雨伞而被雨淋湿，那将是糟糕的一天。你也可以带着雨伞来确保不会发生这种情况，但这也有相应的代价。当然，如果你掌握准确的信息（即会不会下雨以及是否会被淋湿），若有很大可能性下雨，你就带上雨伞；若不会下雨，你就不带雨伞。但如果下雨和不下雨的概率都是50%呢？

这本质上就是抛硬币问题，为了让它准确一些，我们假设如果你被淋湿了，你个人付出的代价就是 10 美元，但如果你带了雨伞而没有下雨，也会因为不必要的负担而损失 10 美元。[5] 按照你预计的成本，无论如何你都可能会损失 10 美元的一半，即 5 美元。这让你觉得带不带雨伞都无所谓。

在你傻乎乎地站在门口想怎么做之前，你可以先看看天气预报。如果天气预报说那天下雨的概率大于 50%，那么你就带上雨伞；如果说下雨的概率小于 50%，那么你就不用带雨伞。但是在这里，我们简化了问题，去掉了可能使这些信息不足的背景条件。如果天气预报说天气将持续放晴，并且有 90% 的可能不下雨，那么情况就很清楚了，但天气预报并不总是那么清楚。当下雨的概率为 40% 或 30% 时，就跟 50% 没什么区别，我们很少有更详细的信息来做出判断。此外，当你计算出所有这些条件，如盛行风从哪里吹来或大气压是多少时，你又回到了一种情况：做这个决定的认知成本超过了其可能带来的收益，在这种情况下，最多只能降低 5 美元的成本。

我们可以通过决策树的形式表示这个决定，决策树是经济学和决策分析的 MBA（工商管理硕士）课程中的基本内容。在决策树中，树的分支表示选择。例如，在图 4–1 中，选择（在实心黑色节点处）带或不带雨伞这个决定是在不确定条件下做出的，不确定的结果也用代表雨或晴的分支来表示（在圆形节点处自然形成的“选择”）。如果你没有预测，那么与这两个分支相关的概率可能都是 50%。然而，这里有一个预测，它说下雨的概率是 90%。最终分支的末端是结果。与每种结果（共有 4 种：带雨伞 + 雨、带雨伞 + 晴、不带雨伞 + 雨、不带雨伞 + 晴）相对应的是判断，我们就以金额的形式呈现。

在这里，我们将这些结果表示为发生不好的事情所需付出的成本，金额是你根据每个判断确定的。这就是我们将这些金额称为判断的原因。判断是一个重要的概念，在本书中起到关键作用。特别是，拥有判断力的人在很多方面能控制决策，而且，预测机器的作用是使预测与判断“脱钩”，因为在没有机器的情况下，决策者往往把两件事都做了。在这里，我们让不利的结果有相同成本，即都是 10 美元。这意味着在预测下雨的情况下，如果你带上雨伞，那么你的预测成本为 1 美元；如果你不带雨伞，那么你的预测成本为 9 美元。有了这样的预测，一个明智的人会选择带上雨伞。

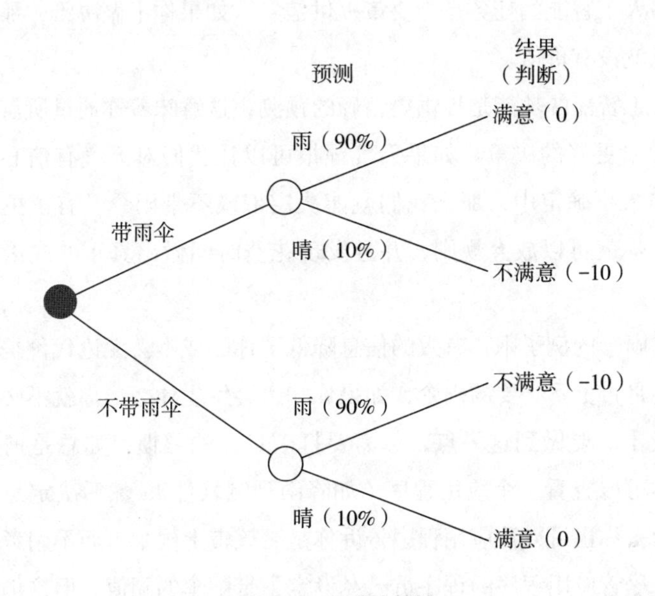

图 4–1　雨伞决策树

很多人是不做决策的，尤其是在他们没有预测可用时更是如此。例如，你可以灵活安排日程，以便在下雨时调整你的户外活动时间。在这种情况下，你的默认选择可能是永远不带雨伞。或者，你可以购买那些有点贵的、小巧易折叠的雨伞，它们虽然不太耐用，但易于携带。那么你的默认选择将是随身携带雨伞，从不考虑是否会下雨。

这里的重点是，当收集信息做出最佳选择的成本很高时，我们就会养成习惯或形成规则来避免考虑信息。我们只需每次都做同样的事情，而无须思考。

决策带来的好处

如果你避免做决策，遵守默认规则，人工智能预测似乎对你没什么用。人工智能的任务是为决策提供信息，如果你不做决策，那么这些信息就没有价值。

人工智能的功能是提供更精确的预测，这意味着你通过所需的信息来做出更好的决策。如果天气预报可以让我们对天气有信心，而不是陷入不确定中，那么我们就能决定带或不带雨伞。有了更多的信息，你就可以放弃规则，并且发现花费时间做出真正的决策是值得的。

在雨伞的例子中，有效的信息降低了你的成本。无论代价是淋湿全身还是带上不必要的雨伞，如果你知道会发生什么，你就不必付出这些成本。要做到这一点，你需要打破自己的习惯，如总是携带雨伞。你可以查看一个应用程序（如降雨预测软件），然后决定是否带上雨伞；你也可以让应用程序告诉你是否该带上雨伞，而不用考虑为什么。尽管应用程序的程序员已经设定了带雨伞的阈值，但这仍然算作从规则到决策的转变。对于带或不带雨伞这件事，我们可能不会常去看应用程序，但我们中的许多人会关注推荐的歌单或社交媒体提供的新闻。这些行为的核心就是决策。接受推荐意味着不依赖规则（如从头到尾阅读报纸），并做出决策。

在人工智能预测的基础上进行决策，你会获得相当有价值的结果。从关于“强制实验”的报道中我们已经了解一二，而在新冠肺炎疫情防控期间不得不在家工作的人对此更是非常熟悉。以前，我们并不知道在家工作的效率会有多高，但在被迫尝试一些不同的事情后，我们就明白了，从打破过去的习惯中学到了新东西。如果在疫情之后，我们不再像以前那样出门工作，这说明现在决定在哪里工作对我们来说是有意义的。[6]

2014 年，在影响伦敦地铁网络运营的罢工期间，发生了类似的情况。超过 60% 的车站关闭，这改变了许多人的通勤习惯。鉴于车站的关闭方式，对大多数人来说，相比于他们经常使用的车站，便利程度排第二的车站也有着几乎相同的距离。此外，由于当时英国那几天下雨，人们不愿意步行或骑自行车出行。对这一事件的研究表明，尽管罢工的时间很短，但仍有超过 5% 的通勤者在那次经历后改变了他们的通勤习惯。[7]那些认为地铁线路图（通常会用艺术化的方式来表示路线）已经在最大程度上失真的人，是最有可能去改变通勤习惯的，因为如果按照地铁线路图的字面介绍去对照，人们就会发现图上车站之间的距离与实际车站之间的距离非常不符。据估计，那些改变了通勤习惯的人每天节省了至少 6 分钟的时间。在通勤时间平均为 30 分钟的情况下，这就节省了 20% 的时间，可以用来决定穿什么衣服。

澳大利亚的例子说明了规则可能无法调整，也可能是次优的。2015 年 5 月，当澳大利亚珀斯市爆发了为期三周的汽油零售价格战时，许多人开始注意到舆论和价格的波动。早在 2001 年，该市就有了一个显示不同加油站价格的平台（之后是应用程序），而价格战立刻使该应用程序有了使用价值。有趣的是，研究人员发现，在价格战期间和结束后的一年里，该应用程序的使用量提高了 70%。实际上，价格战促使人们改变了以前不寻找最低价格的习惯，并开始将追求最低价格纳入决策过程。[8]

问题在于，当你遵守规则时，你可能意识不到收集信息和做决策的价值。这些例子表明，决策具有潜在的、尚未开发的好处。因此，我们可以预期某些形式的人工智能预测也会释放这些可能性。

在不做决策方面的投入

乔布斯、扎克伯格或奥巴马真的不去决定他们日常穿什么吗？如果只看他们当天的穿着，是的；但如果看他们的所有穿着，就不是了。如果你每天都穿同样的衣服，那么你最好选择合适的着装。你不能选择那些在不同环境下穿起来不舒服的衣服，也不能选择对于很多场合都不合适的着装。要找到这样的穿着并不容易，每个人可能都花费了相当多的时间才做出最终选择。

从这个角度来看，规则并不是没有做出决策，而是提前做出了决策。我们做计划时经常这样。很少有人在旅行前不预订住宿、选好回程航班并花费大量精力打包行李。经常旅行的人会把一些只用于旅行的物品提前准备好（如洗漱用品和充电器），这样就能减少打包时的认知成本。这实际上是管理何时以及多久做出决策的练习，让你通过预先投入来节省时间。

当你将时间和精力投入在不做决策的方面时，随之形成的习惯就很难改变。如果它们让你感觉良好，你就不会认为你的习惯是可以通过决策来改善的。如果你的工作是开发人工智能，而其价值在于促使未做出的决策得以实现，那么你将面临一个艰巨的挑战，即想方设法地让人工智能被采用。

与大多数企业和组织在不做决策方面所做的投入相比，公众人物在他们着装上的任何投入都显得微不足道。大多数企业和组织都不是“决策机器”，其核心是标准操作规程，它们是详细描述组织各个方面工作程序的文件。显然，它们因行业而异，但没有任何行业可以不用它们。

标准操作规程除了省去重复做决策的麻烦，还在减少认知成本方面起到了预先投入的作用，类似于我们迄今描述的个人选择，同时它们还带来了另外一个好处：可靠性。当组织中的人们遵守规则时，他们所做的事情会让其他人的工作变得容易，而不需要进行诸如会议这类高成本的沟通活动。

建筑行业通常将工作分解为更简单的任务，在施工进度表上，逐行和逐日列出每项任务的完成顺序。[9]这些任务的结果是事先计划好的。现场的每个人都不必考虑自己的任务之外的事情。完成后，他们的唯一职责就是报告完成情况，并勾选标记，然后继续下一项任务。当然，也会有需要更改和审查的例外情况，但大体上，一切都按照计划进行。每个人各司其职，并在完成自己的任务时做好记录。

这样的规则产生了可靠性，减少了不确定性和主动协调任务的需要。实际上，决策是必须提前做出并放在计划中的。但是，计划本身意味着对其做更改的成本很高。只要出现的问题不大，事情就可以继续进行。然而，出现一个严重的问题就可能会破坏计划。一套固定的标准操作规程可能很难改变和调整。正如我们将在本书后面讨论的，如果你想将人工智能引入这个经过精心调整的规则系统中，就会面临挑战。人工智能的目的是允许做出决策，但是一旦做出决策，协调就会变得很困难。

新的决策

人工智能预测的意义重大，它会提供必要的信息，以便依靠预测做出决策，而不仅是依赖规则。

新的决策取代了旧的规则，但旧的规则并不是孤立存在的。人们建立了结构和框架来保护这些规则免受不确定性的影响。整个企业和行业都致力于提供这种保护。因此，新的决策机会可能会被隐藏。我们面临的挑战在于认识到这一点，并找到这些被隐藏的决策，做出真正能够替代现有规则的新决策。接下来我们将探讨这个挑战。

本章要点

- 规则是我们预先做出的决策。与遵守规则不同，做决策时，我们可以考虑决策的时间和地点等。因此，由决策产生的行动通常比由规则产生的行动更灵活，因为它们可以对情况做出反应。那么，为什么我们会使用规则而不做决策呢？因为决策会产生更高的认知成本。什么时候这个成本是值得的？那就是当后果严重且信息成本较小时。引入人工智能并不会改变后果，但它降低了信息成本。
- 在人工智能系统的背景下，规则和决策之间的权衡至关重要，因为人工智能的主要优势是增强决策能力，所以对规则的贡献很小。人工智能生成预测，而预测是决策的关键。因此，随着人工智能变得越来越强大，它们降低了信息（预测）的成本，而且与使用规则相比，它们增加了决策的相对回报。因此，人工智能的进步将使一些决策摆脱遵守规则的束缚。
- 规则不仅会产生较低的认知成本，还会提高可靠性。一个决策通常会影响其他决策。在决策相互依赖的系统中，可靠性是至关重要的。例如，大多数组织依赖标准操作规程，这些就是规则。标准操作规程减少认知成本并增强可靠性。如果你要使用人工智能预测将规则转化为决策，那么你可能需要重新设计系统来解决可靠性降低的问题。

第五章

隐藏的不确定性

经济学家乔治·斯蒂格勒说过："如果你从不错过航班，那说明你在机场待得太久了。"[1] 他说这句话是在几十年前，但他今天还会说同样的话吗?

设计了韩国仁川机场新 2 号航站楼的建筑师希望斯蒂格勒不会。提前到达机场，你有很多事可做，而不仅是等航班。你可以去水疗中心、去赌场、去参观艺术展览、去观看舞蹈表演或者去滑冰。你也可以尽情购物、享用美食或在休息区小睡一会儿。对于新的机场航站楼来说，这不过是旅客的日常体验。新加坡最近建造了一个带有五层瀑布的花园。多哈则提供游泳池和儿童娱乐中心。温哥华有一个水族馆。阿姆斯特丹定期展出其著名博物馆的艺术品。[2]

对于仁川机场的建筑师根斯勒来说，目标是将机场打造成"目的地"：

> 对于新一代机场来说，航站楼不仅是一个飞机跑道入口。事实上，我们正在意识到一个新的现实：出于安全考虑，乘客会在航站楼内待得更久，这对于销量增长和声誉至关重要，而且能为

机场创造新的可能性。这种认识使机场逐渐把航站楼当作“目的地”，而旅客可以在其中消费。[3]

接受这一现实吧，斯蒂格勒。如果你只是想在机场待会儿，那你就不能在那停留太久。现在情况是这样的：

> “乘客在机场停留的时间比 10 年前多了近 1 个小时。”从事机场设计的芬特雷斯建筑事务所的建筑师和负责人汤姆·西奥博尔德说。他指出，尽管航空旅行发生了巨大变化，但人们往往在 20 世纪六七十年代建造的机场里花费了更多时间。[4]

但什么才是最重要的呢？到了今天，航站楼才被设计成“目的地”。尽管机场还是以前的样子，但人们在那里花费的时间更长了。这是人们的选择。为什么？因为赶飞机变得更有不确定性。其中包括交通、停车和安全检查等问题。乘坐飞机本身涉及改签费、超额预订、中转和争抢行李架等问题。准时赶上航班变得更加困难，而未能如期赶上航班的后果也更严重。因此，即使没有九洞高尔夫球场（去曼谷看看），你可能也会想提前到达机场，哪怕就在那里读本书。[5]然而，随着一个个新的便利设施出现，你忘记了为什么要提前一个小时到达机场。提前到达已经成了你的新习惯。

回想一下，这种情况是多么奇怪。自 1992 年以来，仁川已经耗资 100 亿美元扩建机场。其中大部分费用被用在建造安检线之后的充满挑战性和扩张性的航站楼。但是仁川机场的声明及目标是“确保航空运输顺畅”，[6]你不会看到一个机场宣称在做运送旅客之外的其他事情。然而，那些设计机场的人正在思考如何让人们更久地停留在机场。如今，约 40%的机场收入来自非航空收费，其中最大部分是零售商的租金。[7] 设计师正在尽力确保机场能够创造更多收入，并在此过程中让每个人意识不到他们在机场花费了更多时间。

现代机场是所谓的“隐藏的不确定性”的代表。当人们没有获得做出最佳决策所需的信息（如何时出发去机场）时，他们就会遵守规则。航空旅行以及进出机场的方式在发生变化，这些变化让你更愿意选择遵守规则，使你在机场停留的时间更长。机场知道，如果候机是不愉快的，那旅行也将变得不愉快，你就会减少旅行次数。因此，在对基础设施进行大规模投资时，机场不仅会考虑如何让人们到达那里，还会考虑如何使候机变得更加愉快，并从中赚钱。一旦你提前到达机场，你就会愿意为一顿饭或其他活动掏钱，就像在进入电影院之前，即使是一桶“天价”爆米花也非常诱人。如果你没有感受规则的代价，并且很少错过航班，你就不会反思自己的规则和习惯。不确定性变得次要，而决策的结果，最终以气派的新建筑和令人惊叹的五层瀑布的形式展现出来。

在寻找利用人工智能做出新决策的机会时，如第四章所述，你应该仔细审视规则，并看看它们是否可以转变为利用人工智能来主动接受不确定性的决策，而不是忍受不确定性。在本章中，我们将表明规则不仅体现了通过人工智能来做新决策的机遇，而且还有用于隐藏不确定性的结构和框架，这会导致我们在采用规则时产生浪费并效率低下。规则不仅标志着人工智能存在机遇，还代表着这种机遇的重要性。事实上，对于机场来说，一些非常简单的人工智能应用程序已经对它们当前的一切构成了威胁。

另一个机场宇宙

在分析人工智能预测可能对机场构成的威胁之前，与其他事物一样，有一个替代系统可以向我们展示另一种情况。例如，在另一个宇宙，住着一群非常富有的人。他们不乘坐商业航班，因此没有机会接触旧的或新设计的公共机场航站楼。相反，他们乘坐私人飞机并通过私人航站楼出行。一般而言，华丽、迷人、漂亮的餐厅和艺术馆都是富人经常出入的场所。但在机场的世界中，私人航站楼却非常简朴。

之所以没有投资让私人航站楼变得更好，是因为困扰其他人的不确定性并不困扰富人。若乘坐商业航班，你就必须遵守时间，迟到的旅客将被留在机场；若乘坐私人飞机，你的时间安排会更加灵活，甚至可能不受时间限制。如果旅客没有登机，飞机就不会起飞；如果旅客提前登机，飞机就会提前起飞。整个系统的设计是为了避免候机，至少对于旅客而言是这样的。没有候机就意味着无须投资航站楼让候机变得愉快。与此同时，富人没有关于何时需要离开机场的规定。他们想什么时候离开就什么时候离开。如果更多的人可以有这种体验，那么最好的航站楼肯定比大教堂还要简朴。

不过，你无须等到变得富有才会看到这个替代系统，只需比较在到达口与登机口处所看到的世界即可。你会发现到达口是简朴的，你可能会找到一些快餐店，但其他一切设施都是为了让你尽快离开机场。特别是出租车和停车设施离机场非常近，即使你可能没有着急赶时间。除了如何最快地离开机场，你还记得机场到达口的其他哪些细节吗？

人工智能对机场的威胁

机场对人工智能并不陌生。航空交通管制已经采用基于人工智能的系统来更好地预测飞机到达和拥堵情况。[8]目前，荷兰南部的埃因霍温机场正在试运行一个新的人工智能行李处理系统，旅客只需对他们的行李拍照，最后在目的地取走——无需任何行李标签。[9] 在符合隐私要求的前提下，该系统希望也能对旅客进行类似管理。[10] 所有这些都将帮助你更快地坐上飞机。

然而，这些措施并未解决你乘坐飞机时面临的不确定性问题——交通和安全。不过，在交通问题方面，已经发生了变化。例如，位智（Waze）等导航应用程序会考虑交通情况，并根据具体的出发时间合理预计到达机场所需的时间。虽然这些应用程序并不完美，但它们在变得越来越好。

规则会告诉乘客他们需要提前多久前往机场，而这些应用程序让乘客无须再遵守规则。相反，他们可以将航班时间添加到日历中，应用程序会告诉他们最佳出发时间，并据此安排行程。另外，在不久的将来，不确定的航班实际起飞时间也将被考虑在内。应用程序将不仅根据既定的出发时间告诉你需要何时出发，而且会根据预测的航班实际起飞时间提醒你。虽然这仍存在不确定性，但这一进步——从没有信息到获得更精确的信息——可以节省人们数小时的候机时间。同样，许多优步用户以前认为自己并不在意出租车预计到达时间，但现在却将这一信息视为该服务最有价值的功能之一。当前，优步正在使用人工智能进行预测。[11]

人工智能还可以预测安检排队等待的时间。综合考虑所有因素，你可以使用人工智能决定何时出发去机场，而不是依靠规则。与其他事物一样，总有一些人会在他人之前跃跃欲试。在仁川和许多其他机场，候机已经不是什么坏事了，所以你无须做出明智的决策。

一些人在开发人工智能导航应用程序或航班出发预测程序，他们与机场航站楼内的活动收益没有直接利益关系。然而，他们的人工智能应用程序的价值在很大程度上取决于有多少人不想在机场候机。因此，如果目前机场的候机成本较低，那么这些应用程序的价值就会降低。

安检预测则是另一回事。机场声称希望缩短安检时间并减少不确定性。但作为经济学家，我们认为机场的动机与乘客并不一致。缩短安检时间的确可以留出更多时间，机场希望乘客在通过安检后去消费。但与此同时，这将减少不确定性，从而乘客可以不那么早到达机场。叠加人工智能解决了乘客到达航站楼的其他不确定性问题，机场会想在其可控制范围内消除不确定性吗？

顺应规则

从更广泛的角度来说，我们的观点不仅适用于机场，也适用于规则。规则的产生是因为承受不确定性的代价很高，但规则也会带来一系列问题。

科技作家克莱·舍基提出的所谓“舍基原则”指出，机构会努力维持与其解决方案相对应的问题。企业也是如此。如果你的业务是为候机的人们提供帮助，那你为什么要确保他们不需要候机呢？

如果你希望通过人工智能技术创造新的决策机会，你就需要冲破那些保护规则免受不确定性后果影响的壁垒，然后去寻找更容易承担这些成本的活动，或者减少规则必须容忍的不良后果。

我们可以在英国农民长期采用的保护措施中看到这一点——修建树篱。树篱是一种需要精心规划种植的坚固树木和植物，常被用作田地之间的隔离墙。如果你的田地里有家畜，并且不想雇人来确保它们不会走失，那么树篱是非常有用的；如果你不想让暴雨过快地侵蚀土壤，或者想保护农作物免受强风侵袭，那么树篱也是很有用的。采取所有这些降低风险的保护措施就是“对冲”一词的起源，我们对此丝毫不感到意外，后来该词的含义逐渐演变，在保险方面有了更广泛的意义。

但修建树篱也是有成本的。通过划分农田，它们让某些耕作技术（包括机械化）只有在大面积土地上才能有效使用。二战后，英国政府实际上对清除树篱采取了补贴措施，尽管在某些情况下，由于树篱在风险管理中的作用，这种清除是过度的。如今，在威尔士亲王（现英国国王查尔斯三世）的领导下，出现了一场恢复树篱的运动。[12]

在许多情况下，大量投资会被用来保护潜在的决策者免受风险影响。数千米的公路都被防护栏围住，以防止车辆冲下堤坝、山丘或进入逆行车道。幸运的是，大多数情况下它们没有被用到，但每一个防护栏都使道路以更安全的方式建设，因为人类驾驶员有时不太可靠。

更宽泛地说，建筑规范精确规定了各种措施，以保护建筑物内的人员免受不确定事件的影响。这些事件包括火灾，以及天气、建筑地基和其他自然现象（如地震）造成的损坏。

这些保护措施的共同点是，它们通常产生了看似过度设计的解决方案。它们被设计用于特定的事件——生平罕见的暴风雨或百年一遇的洪水。当这些事件发生时，这些工程似乎是值得的；但在没有发生这些事件的情况下，我们就有理由去怀疑工程的必要性。多年来，《魔鬼经济学》的作者史蒂芬·列维特和史蒂芬·都伯纳指出，飞机上的救生衣和救生艇（更不用说安全演示）似乎是一种浪费，因为成功降落在水面上的飞机非常少。[13] 然而，2009 年，萨伦伯格机长成功地将一架引擎失灵的美国航空公司的飞机降落在哈得孙河上。这个低概率事件的例子是否表明预防性救生衣是必要的呢？这很难说。但我们不能因为不存在某种可能的结果，就认为该结果的概率为零。

列维特和都伯纳的主要观点是，在采用保护措施时，尽管通常可以评估潜在不确定性的概率或其随时间的变化，但无法确定为降低某一后果的概率所做的投资是否过度，因为所采用的风险管理策略使我们无法获取那些信息。因此，我们完全有可能在一些不再是高风险的事情上，浪费了太多的资源。

温室系统

机场似乎是一个让人望而生畏的地方，在那里人工智能可能会颠覆不确定性所带来的成本，但是这些机会可能就在你自己的行为中。发现隐藏的不确定性，并创建人工智能预测来形成新的决策，这可能会使你的经营业务发生巨大改变。

种植农作物充满了不确定性，主要是出于天气原因。如果过热、过冷、过于潮湿、湿度不足或者风力太大，那么产量可能会很低。这些因素会促使你选择在室内种植农作物，以便减少天气的影响。问题是，农作物生长还需要光照。因此就出现了温室，它是可以在室内种植农作物的地方，同时可以享受到阳光。温室使农民可以对温度、湿度和灌溉进行控制，[14]但这种控制的成本并不低。加热、冷却和补光都需要能源。不过，所需能源是可以预测和管理的。

然而，农作物并不是唯一受控于气候的东西，害虫也会在温室中繁殖生长。蚜虫、小飞虫、血虫、螨虫等害虫在温室比在户外繁殖得更快、更多。[15]马萨诸塞州有一本关于温室管理的手册，其中1/3的内容专门在讲虫害防治。[16]农民需要花费相当多的时间来进行这项工作。他们检查植物，清除积水，消毒工具并使用杀虫剂。管理温室所涉及的大部分工作都是为了保护温室免受害虫侵入或减少害虫的影响。

人工智能可以为其提供帮助。Ecoation是一家采用人工智能改善温室虫害管理的初创企业。[17]Ecoation是一个侦察系统，由人类操作员在温室中驾驶机器。机器视觉系统预测可能发生的害虫侵袭和风险区域。这就可以对当前情况产生预测：告诉农民今天哪里需要喷洒杀虫剂或使用其他害虫防治工具。这些数据还使人工智能可以预测未来一周内整个温室的虫害情况。一周的时间足够订购和部署虫害防治工具。[18] Ecoation 最显著的优势是节省成本。人工智能意味着在正确的时间订购正确的虫害防治工具，这是该企业目前推广其服务的方式。

但是，通过对整个系统的观察，我们了解到有比节省成本更大的好处。农民通过遵守很多规则来最大限度地减少虫害问题，包括种植抗害虫农作物、保持小型温室以便检查和以特定方式调节气候条件等。能够放宽这些规则是具有实际价值的。如果虫害预测的人工智能足够精准，那么温室可以通过不同的方式运作。农民可以种植易受害虫侵袭的农作物、建造更大的温室，可能会出现节能的替代策略。如果像 Ecoation 这样的人工智能公司能够很好地预测虫害并增强虫害防治能力，那么我们可以替换现有的规则并建立一个新的系统。在农业领域，就像在机场一样，人工智能可以实现从规则到决策的转变。

本章要点

- 代表人工智能决策机会的不仅是规则本身，还有规则为隐藏不确定性而搭建的结构和框架，这些不确定性导致我们在采用规则时产生浪费并效率低下。
- 我们的例子是机场，在这里为隐藏不确定性，建立了昂贵的结构和框架。不确定性的主要来源是交通和安全引起的潜在延误。豪华的新机场旨在帮助人们忘记他们是在规则下行事的，该规则迫使他们早在预定出发时间前就到达机场。
- 在温室中，利用人工智能对虫害的预测可以增强种植者预防虫害的能力。这是一个点解决方案。如果预测虫害的人工智能变得足够精准，那么人工智能可以实现系统变革，而不仅是用作一个点解决方案。温室的整个结构设计和工作流程都受虫害风险的影响。有了更好的预测，农民可以种植不同的（包括易受害虫侵袭的）农作物，建造更大的温室，并寻求新的节能策略。

第六章

规则是黏合剂

外科医生和医学作家阿图·葛文德非常喜欢使用清单。他在《清单革命：如何持续、正确、安全地把事情做好》中称赞清单的目的只有一个，即向技术精湛的超级专家解释，勾选清单远非易事，它是在越来越复杂的环境中完成工作的必要步骤。

清单是现代组织生活的基本工具。当美国陆军在寻找新的轰炸机时，最初拒绝了波音公司的 299 型飞机，尽管它比麦克唐纳·道格拉斯公司的替代型号更好，能携带 5 倍的有效载荷、飞得更快、飞行距离也是其两倍，但它坠毁过。那次坠机并非设计问题，而是飞行员的失误。但这说明它是一架难以驾驶的飞机。

最终，美国陆军还是决定购买几架 299 型飞机。但正如葛文德所指出的，美国陆军没有给飞行员提供更多培训，而是做了一件更简单的事情：它为飞行员制定了一份包括起飞和降落等各种活动所需步骤的清单。

清单的存在表明航空技术取得了巨大进步。在飞行前期，将飞机升空可能会让飞行员感到紧张，但步骤并不复杂。就像司机

> 从车库向外倒车时不会使用清单一样，飞行员在起飞时也不会使用清单。但这种新型飞机过于复杂，不管飞行员多么有经验，都不能仅依赖记忆驾驶。
>
> 有了清单，飞行员继续驾驶 299 型飞机，总共飞行了 180 万英里，没有发生一起事故。美国陆军最终订购了近 13 000 架这种飞机，并将其命名为 B–17。[1]

葛文德有力地辩称，现代医学如此复杂，它也可以从相同的方法中受益。他知道要说服别人会很难。毕竟，顶级外科医生仍然抵制洗手和消毒。[2] 但是清单已经被广泛应用于各种复杂环境，从建筑工地到芝士蛋糕工厂。如果清单能够拯救生命，那么医生就应该接受它。

我们不会就清单的价值与葛文德争论，但会对使用它的人们表示赞同。清单的存在是因为不确定性。复杂系统中有许多相互关联的部分，很多人在其中执行任务以保证系统的正常运转，因此，清单不仅是表明完成某项工作的指标，也是规则的体现，还是遵守规则的需要。它们的存在是为了确保可靠性和减少失误。如果让专家基于自己的观察做出决策，那么这会给其他人带来问题和不确定性。

大型企业都有清单。它们还有类似作用的标准操作规程，如第四章所述。标准操作规程是一本大型手册，列出了人们需要遵守的所有步骤，包括核对任务是否完成。标准操作规程使复杂的组织能正常运转。但我们必须认识到它们代表了什么。它们是需要遵守的规则，而不是需要做出的决策。

标准操作规程和清单是隐藏的不确定性的代表，这些不确定性在组织内部产生了无数条规则。对于每一条规则，都有导致其出现的不确定性。对于每一条规则，我们都可以问这样的问题：如果有了人工智能预测，我们是否可以将规则转化为决策，并将其从标准操作规程手册中删除以提高生产力呢？

人皆不同

规则要求每个人都做同样的事情，仿佛人们是相同的。但其实人和人是不一样的，这也许是销售的基本经验。因此，销售人员试图将人分成不同的群体，并将产品定位于那些可能对其感兴趣的群体。

销售人员也可能对待所有人都一样，因为他们缺乏信息。他们一旦掌握了信息，就将提供个性化的产品和服务。销售人员可以从遵守一视同仁的规则转变为自己做决策，从而在正确的时间向正确的人提供正确的产品。

无线电广播一直都遵守规则，电台聘请的 DJ（流行音乐播放员）为所有听众播放相同的歌曲；流媒体音乐服务如 Spotify、苹果音乐和潘多拉电台则允许用户创建个人定制歌单。

不过，从个人定制歌单中创造价值存在哪些挑战呢？潘多拉电台的研究人员戴维·赖利和张鸿凯在研究公司的规则时提出了这个问题。尽管歌单是个人定制的，但该公司的运营方式仍然受到规则的限制。潘多拉电台采用的是免费增值模式。一些用户支付费用，享受无广告的收听体验；其他人只要每小时收到一定数量的广告，就可以免费收听。

赖利和张鸿凯与华盛顿大学的教授阿里·戈利合作，意识到他们可以将人工智能应用于实验数据，以确定人们对广告的厌恶程度和对服务的喜爱程度。人工智能提供了个性化的预测，使赖利等人能够评估人们对广告厌恶程度的差异，而不仅是看到人们对其厌恶程度的平均值。有了这些信息，他们不再需要遵守广告投放的规则。相反，一些人可以收到更多广告，而其他人则几乎不会收到。[3] 通过个性化的广告数量，他们可以大幅增加利润。人工智能不仅可以预测出如果每小时广告数量减少，哪些用户会在潘多拉电台上听的时间更长，还可以预测出哪些客户可能会转向付费版本。

在掌握这些信息后，电台就无须遵守对每个人推送相同数量广告的规则了。如果减少每小时广告数量，一些用户使用潘多拉电台的时间会更长，那么电台就向这些用户推送更少的广告；对于那些可能转向付费版本的用户，电台则可以推送更多广告。潘多拉电台的研究部门展示了人工智能如何实现新的决策。

但这并不是一件轻松的事情。扩大广告容量需要找到广告商。戈利、赖利和张鸿凯预计只有 2/3 的广告时段会被填满。问题在于，他们需要新的广告商，以避免一遍又一遍地向同一客户推送相同的广告。[4] 要想成功实施，就需要一个新的广告销售策略。

此外，电台还需要了解用户的反应。人工智能最有利可图的一点是，向那些在免费版本和付费版本之间犹豫不决的用户推送更多广告。通过降低免费版本的质量，这些用户可能就会转向付费版本。然而，如果潘多拉电台这样使用用户的数据，用户会感到不满。因此，这种策略有可能会让用户不再使用潘多拉电台。

这些限制意味着潘多拉电台尚未利用人工智能实施这项操作。它仍然使用规则来确定推送多少广告。构建人工智能是放弃规则的第一步。为了实现一些决策，流程仍需改变。

又一块墙砖

教育里有各种规则。座位安排、行为规范、学习内容，几乎无所不包。本书作者之一阿维从他孩子的学校收到了一份长达 59 页的《家长政策与实践指南》。该指南内容包括与过敏、虱子、受伤和免疫相关的健康安全规则，还包括家庭作业政策、庆祝生日的方式、手机使用规则、接送规定以及分班政策。这还只是给家长看的！

这些规则有其目的。它们确保了一个安全高效的教育系统。正如美剧《宋飞正传》中的科斯莫·克雷默所说："规则就是规则。不可否认，没有规矩，不成方圆。"[5]

当然，规则也可能会过于繁多。人们对教育导致同质化的担忧由来已久。1859年，约翰·斯图亚特·穆勒在《论自由》一书中写道："全面的国家教育只是让人们变得完全相同的手段。"[6]

教育工作者非常清楚规则与灵活性之间的矛盾。很多教育文件对此写明并试图解决这一问题。《纽约州幼儿学习标准》强调：

> 标准的目的不是在任何情况下为所有儿童规定一系列按部就班的课程，而是通过具有个性化和差异化、适应性的、与文化和语言相关的、基于环境的教学来阐明儿童的学习和能力预期。虽然我们为所有儿童制定了相同的学习目标，但达成目标的方式会根据每个孩子的个体差异进行调整。[7]

因此，每个学生都有相同的标准，但得到的教育是不同的。这是一个美好而具有挑战性的愿景。最好的教师能够因材施教，但大多数教师可能会觉得这非常有挑战性。从全球的角度来看，情况更加糟糕。高收入国家每年每个孩子的教育开支达数千美元，而许多低收入国家每年每个孩子只有50美元的教育开支。在资源如此匮乏的情况下，人们很难摆脱规则。[8]

创业教育是一个不错的开始。世界银行等援助机构和世界各国政府每年在发展中国家培训约400万潜在的和现有的企业家，其投入超过10亿美元。[9]许多培训计划致力于改善商业实践和提高利润，但它们的成本很高，回报也不一定明朗。线上培训大有可为，但不能千篇一律。“一刀切”式的广告宣传效果甚微。其中一个重要的经验是，高度个性化的培训效果最好，但挑战在于如何大规模提供个性化教育。

经济学家靳毅洲和孙钲云认为人工智能可以提供帮助。[10] 他们与一家大型电子商务平台合作，为数十万新卖家提供创业培训。培训项目包含数十个可以学习的模块，重点是建立网站、营销策略和客户服务。例如，培训既会提供如何最佳描述产品的清单，以便客户知道他们在买什么，也会侧重于搜索引擎优化和关键词选择。

并非所有模块都适用于所有卖家，而且新卖家可能不知道哪种培训对他们有帮助。人工智能实现了个性化。它首先收集了卖家的实际运营和产品的数据，并制定了培训顺序，然后向卖家推荐相应的模块，卖家再将这些模块付诸实践。这意味着数十万卖家获得了个性化的创业培训。人工智能不再遵守每个卖家接收相同信息的规则，而是为哪个企业家接受哪种培训做出新的决策。

该项目使用随机对照试验进行，以便测量其有效性。在该平台上有 800 万家新企业，其中 200 万家获得了培训机会，约有 50 万家接受了培训。接受培训的企业收入增长了 6.6%。一年内，该项目使卖家的收入增加了约 600 万美元。这听起来可能不算多：每家企业每年增加 12 美元。但这是以 200 美元的总收入为基础计算的。一个仅靠人类培训师的个性化培训项目是不可能产生经济效益的。有了人工智能，就可以在大规模范围内决定将哪种培训提供给哪个企业家，同时覆盖数十万家企业。人工智能在规则之上做出决策，并创造了规模化的价值。

摆脱规则

当规则存在已久时，就很难看到它们背后的系统。由于规则是可靠的，各种各样的规则和程序可以黏合在一起。如果部分发生变化，其余就必须同时做出改变。

在潘多拉电台的免费版本中，每个用户都会收到相同数量的广告。由广告支持的媒体一般都是这样的。网络电视台每 30 分钟就会播放 8 分钟的广告，这是提高网络收入的规则。围绕这一规则，还开发出了各种其他程序。节目被设计成 22 分钟或 44 分钟，这意味着编剧需要以同样的长度编写每一集节目，故事进展到应播放广告时要自然停顿。这个规则固定在了此系统上。

对于内容，YouTube（优兔）提供了另一个系统设计的例子。与网络电视不同，YouTube 内容创作者可以创建任意长度的内容。该系统的人工智能可以预测哪些观众对哪些内容最感兴趣。驱动搜索引擎和推荐引擎的人工智能使观众能够在看似无限的选择中找到合适的内容。此外，人工智能还可以预测哪些用户对哪些广告最感兴趣，重要的是，这种预测能力在允许不同用户查看不同内容的系统中更有价值。即使网络电视有能够产生类似预测的人工智能，其价值也会大大降低，因为其系统会迫使每个观众观看相同的内容。因此，它最多只能预测哪个广告最能吸引大多数观众。

换句话说，预测观众被什么样的内容和广告吸引的人工智能，在 YouTube 系统中比在网络电视系统中更有价值。虽然人工智能直接让观众在海量选择中发现想看的内容，并匹配上广告，但它间接地让内容长度变得灵活，因为发现内容和插入广告的办法解决了内容、广告和时间的无限组合问题，而对于网络电视，内容长度的灵活度是不好把握的。

在学校系统中，同一年级的学生学习相同的内容，因为课程是固定的。“学生按照年龄分批接受教育，仿佛他们最重要的共同点就是他们的出生日期。”[11] 例如，我们所在的加拿大安大略省，几乎所有在 2009 年出生的学生都在 2015 年上一年级，在 2023 年上高中。这些规则是为了应对学生在学业和社交方面应达到水平的不确定性。这些规则反过来又在一个系统中黏合在一起：教师通过培训来满足有限且多样的学习需求；对落后学生给予适度的额外帮助和资源。此外，在高中阶段，那些没有达到同龄人标准的学生，会被提供一些名义上的课程，包括替代学校、勤工俭学项目和获得高中同等学历证书的方式。

可以预测每个学生下一步最佳学习内容的人工智能将让教育个性化，使那些在某个板块学得很快的学生在感到厌倦前进入新的内容，同时使需要在一个板块进行更多练习的学生有额外的时间和练习以提高他们的能力，而不用马上学习新的内容。作为一个点解决方案，这种人工智能在一定程度上可以在现有学校系统中帮助学生学习。但其影响力有限，因为学生一旦完成了他们以年龄为基础的本年级课程，这一年的学习就完成了，或者需要在教师有限的帮助下继续进一步学习，而教师通常只接受针对特定年级（如初中数学）的培训。在现有系统中，这个问题在高年级阶段会变得越来越严重，因为随着时间的推移，在某一学科领域内学习速度较快和较慢学生之间的差距会越来越大。为了帮助他们的学生，教师需要掌握不断增多的教学内容。

我们来想象一下，学生按照传统分班的形式在学校中进步（生物学的节奏调控着他们的身体发育和社交活动），但许多不同的辅导员和教师会根据他们的个体学习需求来提供帮助。学生与辅导员和教师的合作不再取决于年龄，而是取决于学生在某一学科领域的研究和能力。在这个新系统中，人工智能的影响力将比在现有系统中相同人工智能的影响力大得多，因为每个学生都可以接受针对其学习需求和风格的个性化教育。在某一学科上学得快而在其他学科上学得慢的学生可以得到照顾。对于需要专门学习特定技能的学生，将有专攻该领域的教师来帮助他们。教师不需要选择对大多数学生最有帮助的教学方式。那些擅长帮助学生克服阅读障碍的教师，以及擅长帮助学生在数学竞赛中大放异彩的教师，将把所有时间用于他们最擅长的领域。

22 分钟的节目制作和基于年龄的课程等规则是为了应对不确定性而制定的。随后，各种辅助措施被开发出来，以优化系统的性能。虽然旁观者看不到这些规则，但它们成了维持系统完整的黏合剂。因此，虽然引入一种能够将规则转化为决策的人工智能似乎很有吸引力，但其影响力有限，因为它所取代的规则与系统的其他要素是紧密相连的。

将能够预测下一步最佳学习内容的人工智能应用于现有学校系统中，其影响力是有限的，因为基于年龄的课程规则和每班一个教师的制度是当前教育系统的基石，特别是在小学阶段。相比之下，使用完全相同的人工智能，并将其嵌入一个新的系统中，利用人工智能的个性化内容和节奏，并与个性化的讨论、小组项目和教师帮助相结合将需要更灵活地分配辅导员和教师，并对教育工作者进行培训，这可能会对教育以及个人成长和发展产生更大的影响。

换句话说，基于年龄的课程规则是维持现代教育系统的黏合剂，因此，让学习个性化的人工智能在该系统中产生的好处是有限的。释放教育个性化人工智能潜力的主要挑战不在于构建预测模型，而在于将教育从基于年龄的课程规则中解放出来，正是该规则将系统紧密结合在一起的。

本章要点

- 与标准操作规程一样，清单是规则及人们遵守规则的体现。它们存在的目的是确保可靠性并减少失误。还有一种选择是让人们根据自己的观察做出决策。尽管从规则转向决策可能会让行动变得更灵活，但也可能给其他人造成困扰并带来不确定性。
- 规则在系统中黏合在一起。这就是为什么很难利用人工智能做决策以替换单个规则。因此，在通常情况下，一种非常强大的人工智能只会增加边际价值，因为它被引入一个系统中，在这里许多部分都被设计为用来适应规则并抵制变革。它们相互依赖——黏合在一起。
- 本章的例子是让教育个性化的人工智能，它为学习者预测下一步最佳学习内容。将人工智能引入现有学校会扼杀其好处。相比之下，将完全相同的人工智能嵌入一个利用个性化的（而不是基于年龄的）讨论、小组项目和教师帮助的新系统中，很可能会对教育以及个人成长和发展产生更大的影响。若想要释放让教育个性化的人工智能潜力，其主要挑战不在于构建预测模型，而在于将教育从基于年龄的课程规则中解放出来，该规则目前将系统紧密结合在一起。

第三部分

系　统

第七章

黏合系统与灵活系统

人工智能本可以保护我们免受新冠病毒的侵害，但它没有做到。因为面对不确定性，许多国家遵守了基于规则而非决策的公共卫生程序。我们已经注意到，人工智能预测有潜力从规则转向决策。因此，新冠肺炎疫情是我们讨论人工智能如何促进这种变革的重要起点。

人工智能没有保护我们免受新冠病毒的侵害，这并不意味着人工智能还没有准备好，而是我们还没有准备好。对于突发疫情，需要有一系列决策来维持经济的正常运转，但在许多国家，公共卫生部门制定的传统规则是无法适应这类决策的。不过，也有一些例外。我们描述了其中一个例子，一个由少数大型企业组成的小组创建了一个创新平台，目的就是使系统更加灵活。这将允许系统在不确定的情况下进行决策，以防止在严苛的规则下，忽视信息而导致停产。

最昂贵的规则成本

现在我们都很熟悉新冠肺炎疫情防控期间健康所面临的风险。2021 年 1 月，约有 900 万美国人感染了新冠病毒。[1] 对这些人来说，感染新冠病毒是一个严重的健康问题。然而，对其他 3.2 亿美国人来说，新冠病毒并不是一个健康问题。他们既没有生病，也没有传染性。但是，许多人在工作、学习和娱乐方面仍然受到了严重影响。原因并非健康问题，而是预测问题。人们缺乏信息来预测哪些人具有传染性并可能将病毒传染给他人。

公共卫生部门传达的信息是，只要认为其他人同样具有传染性和危险性，就能够保证自己的安全。对于那些在人与人之间传播的传染病来说，如果你不知道谁具有传染性，那么与他人的接触就会变得更加危险。这就是为什么在新冠肺炎疫情防控期间我们要与他人保持距离，这是最简单的保护自己的方法。

让我们从决策树的角度来考虑这个问题，我们要决定是否与他人隔离或接触（见图 7–1）。如果你选择与他人隔离，你就不会传播病毒，但必须与他人保持距离，这对你个人来说是有成本的。如果你选择与他人接触，那么结果就取决于你是否被感染。如果你被感染，你就可能会传播病毒；如果没有，那么你就继续正常生活。

大多数人没有传染性会导致一个问题，即如果你目前感染了新冠病毒，那么你比没有感染的人更具危险性。换句话说，如果我们知道谁被感染了，谁没有被感染，我们就可以采取不同的措施。我们可以远离被感染者，和那些未被感染的人正常交流。这就是疫情中的核心预测问题：如果我们知道谁具有传染性并将他们与其他人隔离，那么我们就可以避免疫情造成的巨大代价。[2] 这样做不仅可以让生活保持正常，还可以通过打破传播链条来控制疫情。问题在于，我们需要信息来将保持社交距离从规则转化为决策，而解决不确定性所需的信息意味着我们面临一个预测问题。

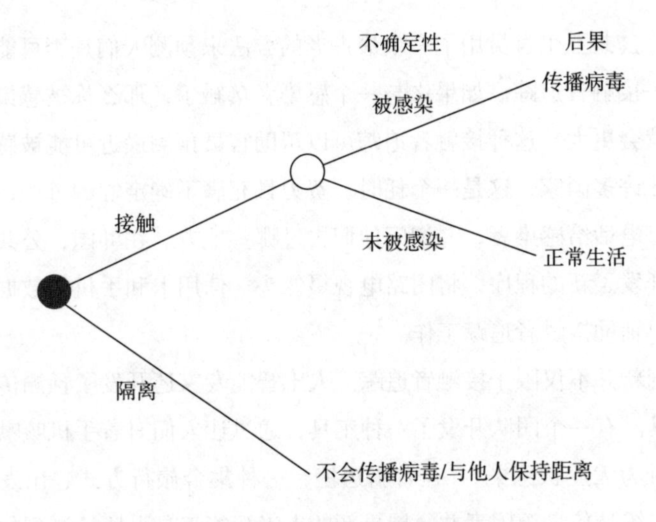

图 7-1 与他人隔离或接触的决策树

将新冠肺炎疫情视为预测问题

确定预测问题的第一步是找出哪里存在不确定性。从这个角度来看，疫情充满了不确定性。最大的未知数是何时会出现具有大面积传播潜力的病原体，这的确可能是人工智能可以解决的问题。然而，我们想要关注的是更贴近生活的问题：疫情防控。换言之，当病原体将要或者已经出现时，控制住它的关键不确定性因素是什么呢？

以这种方式来规划疫情防控可能有些奇怪。毕竟，我们习惯将其视为一个公共卫生难题：如何找到疫苗来结束疫情，如何找到可以拯救生命的治疗方法，或者如何降低病毒的传播速度？但当我们分析是什么使疫情暴发，以及人们在健康、经济民生和社会生活方面所付出的代价时，我们意识到那些阻止人们相互传染的防控措施也会影响我们的正常生活。

在疫情暴发的前几个月里，人们开发了各种工具来预测谁可能被感染。公共卫生官员用了一个最古老的方法来预测人们是否可能被感染——接触者追踪。如果你与一个感染者接触了，那么你被感染的可能性就会更大。这种接触者追踪可以帮助官员预测最近可能被感染的人。在许多国家，这是一个耗时、费力且充满不确定性的过程，官员需要打电话给感染者，并询问他们去过哪些地方。在韩国，公共卫生部门开发了新的程序，将闭路电视摄像头、信用卡和手机的数据结合起来，辅助接触者追踪工作。[3]

创新并不仅限于接触者追踪。人工智能专家还开发了预测传染性的工具。有一个团队开发了一种工具，通过让人们对着手机咳嗽来检测是否为无症状感染。[4] 在希腊边境，一种集合旅行方式、出发地点和人口统计信息等因素并每周更新的人工智能工具，所检测到的无症状感染者是随机检测的 1.85 倍，这有助于确定哪些旅行者不需要接受进一步检测就可以入境。[5] 非人工智能的预测工具也被开发了出来。许多地方使用热像仪和温度计来检测人们是否发烧，认为体温升高的人更有可能感染了新冠病毒。在泰国，人们训练狗来嗅出人体中的疾病。[6]

到了 2020 年秋季，很多地方已经意识到快速抗原检测是预测传染性的最有效工具。虽然 PCR（聚合酶链式反应）检测同样可以检测到少量病毒，但与快速抗原检测相比，其速度更慢、费用更高。[7]

预测是填补缺失信息的过程，新冠病毒检测有助于填补某人是否具有传染性的信息空白。与其他预测一样，快速抗原检测并不是 100% 准确的。然而，抗原检测结果的假阳性很少，这意味着不太可能有人检测结果呈阳性而不具有传染性。[8] 因此，如果你可以对人们进行检测，并要求那些抗原检测结果呈阳性的人待在家中，那么病毒传播就可以得到有效控制。PCR 检测则不同，因为在传染期后的几周或几个月内可能仍然呈阳性。换句话说，到了 2020 年秋季，我们有了一种可以批量生产的廉价的新冠病毒预测工具。它不是人工智能工具，而是一种不同类型的预测设备。

基于这一认识，我们与流行病学家劳拉·罗塞拉、政治科学家贾尼斯·斯坦因和创新颠覆实验室的执行董事索尼娅·塞尼克合作，设计并帮助企业实施了一个快速检测项目，以确保工作场所安全开放。[9]

我们的设计是定期对工人进行检测，让检测结果呈阳性的工人待在家中，而其他人可以去上班，因为他们知道其同事最近的检测结果呈阴性。预测工具是可行的，而且计划似乎很容易实施。这将使那些没有关闭的重要工作场所更加安全，随着时间的推移，经济也会开始重新运转。

然而，我们很快了解到，预测工具只是其中较容易的部分。该系统由许多规则黏合在一起，这些规则对基于信息的决策很不利。例如，在收集人们的健康信息方面有隐私规则，在限制人们出入工作场所方面有工会规则，在存储和处理个人信息方面有数据安全规则，在处理检测后的缓冲溶液方面有危险废物处理规则，以及当工人检测结果呈阳性时谁将承担休假成本的工伤赔偿规则，等等。

信息问题会导致经济停滞，因此将其解决迫在眉睫。但系统通过各种规则黏合在一起，基于信息的决策方案几乎无从下手。我们需要找到一种方法来使系统灵活，让系统能对信息——特别是对传染性的预测——做出更灵敏的反应。

我们与一些公司的首席执行官和思想领袖讨论了这个问题，包括英格兰银行和加拿大银行的前行长马克·卡尼、美国亚特兰大疾病控制与预防中心的前主任布伦达·菲茨杰拉德和作家玛格丽特·阿特伍德。到 2020 年 10 月，有 12 位首席执行官同意为一个灵活系统提供平台。[10] 每个首席执行官都承诺任命一位直接下属参与这个项目，并尽可能地消除规则造成的障碍。我们的目标是在这个灵活的环境中设计一个足够令人信服的系统，以激励其他公司和公共卫生官员放弃一些基于规则的黏合系统，转而采用基于信息的灵活决策。

这 12 家大公司是创新颠覆实验室快速检测联盟的创始合作伙伴，分别代表制造业、交通运输业、金融服务业、公共事业、娱乐和零售业，共雇用了 50 多万名员工。首席执行官迫切地想要启动检测机制，开放工作场所，并确保员工的安全。在我们开始后不久，参与调查的员工表示，在进入工作场所之前进行检测，这使他们及其同事感到安心。[11]

我们的创始成员之一于 2021 年 1 月 11 日在多伦多市中心的一个地方启动了首个试点项目。在接下来的几个月里，该系统运行良好。少数被感染的人被检测出来，并在工作中不会接近他们的同事，工人们感觉更安全了，管理者也能让设施保持开放，否则可能需要关闭它们。然后，我们创建了一个工作手册，分享给其他公司和后来其他类型的组织，包括非营利组织、度假营、托儿所和学校。该手册内容包括如何建立一套数据报告流程，管理快速抗原检测，建立实体的检试站，培训管理该流程的员工，与员工及其工会沟通该计划，管理数据流，丢弃使用过的检测物品，处理与检试结果呈阳性员工相关的后勤工作，向政府订购快速抗原检测设备，等等。

随着时间的推移，其他公司的黏合性规则也开始松动。在加拿大，无论是全国还是各省，工人最初是在有监管的工作场所进行检测，最后可以在家里检测，而不需要专业的医疗人员。

同时，也有必要对这些检测进行追踪。人们担心，一些接触过新冠病毒的参与者会将阴性检测结果理解为他们在几周内都不会发病，但实际上，充其量也就是几天。频繁检测可以降低这种风险，所以我们需要一个数据系统来追踪检测对象和检测时间。然而，这些公司只有在保护工人隐私的条件下才会接受这个数据系统。因此我们开发了一个数据追踪系统，既能满足员工对隐私的要求，又能满足公共卫生的要求，确保合规。

企业政策逐渐开始支持快速抗原检测。在请病假没有工资和一些工作场所没有保护措施的情况下，工人对检测持谨慎态度，因此雇主需要确定检测对象和检测时间。企业还需要确定检测是否计入工作日的工时，检测在何处进行，当工人检测结果呈阳性时该怎么办，以及谁对这些健康和安全决策负责。起初，没有现成的流程来确定工人、经理和专业医疗人员的责任。我们的工作手册包括免费共享和不断更新的标准操作规程，随着企业对我们的工作手册越来越有信心，黏合的规则开始松动。

最终，我们的工作场所快速抗原检测系统在加拿大的 2 000 多个组织中被使用，当人们的检测结果呈阳性并居家隔离时，成千上万的新冠病毒感染者被挡在了工作场所和学校之外。尽管如此，挑战仍是巨大的。最初大多数的参与者花了 6 个月才实现大规模部署检测，而让成千上万的工人接受定期检测，更是花了一年。然而，预测工具只是其中最简单的一环，它只是解决新冠病毒信息问题，让人们重返工作和学校所需变革的一小部分。

灵活系统

本章想要传递的信息是，为了利用预测机器的优势，我们希望将规则转化为决策。然而，系统——按照某种方式进行操作的一套程序——必须能够适应这种变化。如果一个规则与另一个规则紧密相连，以确保系统的可靠性，那么在这个系统中做决策可能是徒劳的。

在这里，我们强调了在 2020 年春季人们遵守的规则：待在家里。

我们不知道谁具有传染性，这种不确定性意味着规则就是远离他人。

这条规则反过来又带来了各种难题。首先，许多人在外面工作，他们的工作需要他们离开家。如果不让人们外出，那么很多人将失业。在疫情防控期间，餐馆、商店和剧院都无法运营。全球各国政府推出了工资补贴和商业扶持政策，这是一种成本很高的解决方案，就是为了应对这条规则带来的难题而制订的。

其次，隔离本身会带来其他挑战。它影响了人们的心理状态，让人难以确保孩子是否安全，老年人是否得到了所需的帮助。看病变成了在线咨询或被完全取消。这些问题又产生了新规则：家人之间相互检查；许多学校制定了给学生家里打电话的政策；医生被要求主动检查他们的患者；一些地方安装了家庭监控，以确保老年人的安全。

这场疫情提醒我们，我们往往依赖规则，但规则本身是低效的。对于新冠病毒来说，没有解决传染性问题的预测方案意味着我们不得不迅速关停整个经济，导致大规模失业，扰乱社会生活及学校教育。如果有可用的预测工具，并将其整合到一个运作良好的、灵活的系统中，就可以在不牺牲健康的情况下做出疫情防控决策，并会最大限度地减少整个社会承担的成本。我们在第六章讨论了这个问题。规则意味着我们给每个人提供相同产品或相同教育，而这限制了我们要做的决策和创造的价值。

当寻找人工智能预测可能释放的新决策机会时，规则是我们的主要目标。就这场疫情而言，有工具可以生成所需的预测结果。快速抗原检测有助于填补人们是否具有传染性的信息空白。在从属程序方面也有创新，如病假工资和隔离。当决策相互作用时，从规则转化为决策需要一个灵活的协调系统。决策者需要知道其他人在做什么，协调他们的目标，并促成变革。然而，一个新系统可能会非常具有颠覆性，以至于你需要在新的组织中启用它，让它能够有机地发展，而不是试图在现有的组织中去调整它。

从更广义的层面上来说，揭示不确定性是通过预测打开新决策的第一步。要有效地做到这一点需要改变从属程序，正如第二章中所指出的那样，这也是系统解决方案的定义。

本章要点

- 我们采用了保持社交距离的规则来应对新冠肺炎疫情。这个规则的代价很大。它关停了大部分教育系统和医疗系统，并导致了全球经济的停滞。由此产生的隔离对心理健康造成的影响将需要几十年的时间才能完全消除。许多其他规则都是围绕保持社交距离的规则而建立的，如餐厅容客量限制、公共交通规则、学校教学方法、体育赛事限制、工资补贴和急救程序，等等。
- 尽管大多数人将新冠病毒视为健康问题，但我们将其重新定义为预测问题。[12] 对于那些被感染的人来说，新冠病毒确实是一个健康问题。然而，对于绝大多数未被感染的人来说，新冠病毒并不是一个健康问题，而是一个预测问题。这是因为如果没有关于谁被感染的信息，我们就必须遵守规则，将每个人都视为可能被感染的对象，这导致了经济的停滞。相反，如果我们可以做出合理准确的预测，我们就可以只对那些很可能具有传染性的人进行隔离。当寻找人工智能预测可能释放的新决策机会时，规则是我们的主要目标。
- 为了利用预测机器的优势，我们经常需要将规则转化为决策。然而，系统必须能够适应这种变化。如果一个规则与另一个规则紧密相连，以确保系统的可靠性，那么在这个系统中做决策可能是徒劳的。我们描述了一个与新冠病毒相关的例子，在这个例子中，我们开发了一个小型但灵活的系统，最初由 12 家大公司组成，这些公司的首席执行官根据快速抗原检测对员工传染性的预测，指导他们的高级领导团队做出基于信息的决策。这使 12 家公司继续保持业务运营，而当时的系统很可能迫使它们停业。这一成功的例子随后激励了其他 2 000 多个组织采用这个系统，并从规则转向决策。

第八章

系统思维

每年，参赛者都会聚集在布莱切利公园（二战期间，艾伦·图灵曾在此破解了德国密码），与计算机程序一决高下。这个比赛基于著名的模仿游戏（现称为图灵测试），参赛者通过计算机与一个看不见的实体对话。这个实体可以是计算机程序，也可以是一个人。每个实体都试图说服对方自己实际上是人类。正如作家布莱恩·克里斯汀所说的，如果你是一个参赛者，你实际上正试图成为“最像人的人”。[1] 通常情况下，人类会获胜，但很多人很难让对方相信自己是人类。

赛马也与之类似，人类与机器智能对垒也是人工智能研究的重要内容。算法在识别图片内容上比人类做得更好吗？相较于由人驾驶的汽车，自动驾驶的汽车发生事故的概率更低吗？相较于人力资源部门，人工智能可以更好地筛选出求职者来进行面试，并录用他们吗？计算机能战胜围棋世界冠军吗？

这些比赛让人们开始比较人与机器，并引发了关于机器是否会取代人类的焦虑。有趣的是，汽车比马快，但马仍然参加赛跑；当机器比人类快时，奥运会仍然顺利举行。为何当机器在下围棋方面比人类更优秀时，情况就有所不同呢？衡量指标能说明一些情况，但取代并不一定发生。

当需要选择人或机器来完成任务时，情感或运动并不是选择标准。衡量指标是基于纯效率来评估性能的，并根据成本高低而产生替代。如果机器可以完成任务并且成本较低，那么肯定会替代人类。马可能仍然会参加比赛，但它们不再到处载人了。正如机器在体力劳动中取代人类一样，它们也可能会在认知方面取代人类。

如今，一个完整的产业正试图逐项检查人们的工作，以评估在人工智能时代机器是否可以完成这些任务。与放射科医生相关的任务有 30 项（见图 8–1），[2] 其中，仅有一项任务与机器预测直接相关：演示或解释影像诊断程序的结果。

每份工作都可以用这种方式进行拆解，并评估其被人工智能替代的概率。2013 年，牛津大学马丁学院的一项研究宣称，近一半的美国工作岗位容易被自动化取代。[3] 这是对人工智能的最大担忧。埃里克·布莱恩约弗森、汤姆·米切尔和丹尼尔·洛克评估了 964 个职业、18 156 项任务和 2 069 个工作活动对"机器学习的适用度"。结果表明，受到威胁的职业包括许多提供预测的工作，如前台职员（提供建议）和信贷审批员，这些我们都已经强调过了。按摩师、动物科学家和考古学家的工作尚未受到威胁。世界杰出的劳动经济学家和宏观经济学家担心，随着人工智能接管某些工作，对于人类工人，尤其是那些尚未处于收入分配顶端的人来说，剩下的工作机会可能就很少了。[4]

人工智能浪潮已经推进了十年，而机器取代人类完成的任务少之又少。聊天机器人在客户服务中扮演着重要的角色，机器翻译在其领域所占的比重也在增加。但是技术性失业并没有即将到来的迹象，人们还有很多工作要做。虽然有些人工智能可以超过人类，但在许多情况下，人类——不管有多少缺点——仍然比机器替代品的成本低。因此，尽管像达龙·阿西莫格鲁和帕斯夸尔·雷斯特雷波这样的经济学家可能会认为，资本成本相对于劳动力成本来说得到了补贴，这只不过是因为时间问题，但现在我们都可以喘口气了。

1. 通过电子记录、患者采访、口述报告或与转诊的临床医生交流获取患者病史。
2. 编写关于检查结果的综合性解释报告。
3. 演示或解释影像诊断程序的结果，包括磁共振成像（MRI）、计算机断层扫描（CT）、正电子发射断层显像（PET）、核心脏病学跑步机研究、乳房X线照相术或超声波。
4. 使用图像存档，通信系统审查或传输图像和信息。
5. 将检查结果或诊断信息传达给转诊医生、患者或家属。
6. 向放射科患者提供咨询，解释检查的过程、风险、益处或替代治疗方案。
7. 指导放射科工作人员掌握所需的技术、患者检查姿势以及投影方法。
8. 与专业医疗人员讨论基于影像的诊断。
9. 协调放射科服务与其他医疗活动。
10. 记录所有规程的执行情况、详细说明和结果。
11. 建立或执行保护患者或员工的标准。
12. 制定或监督程序，以确保影像的质量标准。
13. 在检查程序过程中/之后识别或治疗并发症，包括血压问题、疼痛、过度镇静或出血。
14. 参与继续教育活动，以保持和提高专业知识。
15. 参与质量改进活动，包括讨论易发生失误的领域。
16. 执行介入手术，如引导下的活检、经皮腔内血管成形术、经肝胆引流术或肾造瘘导管置入术。
17. 为放射科患者制订治疗计划。
18. 向临床患者或研究对象施用放射性同位素。
19. 就放射性物质诊断和治疗的临床适应证、局限性、评估或风险向其他医生提供建议。
20. 计算、测量或准备放射性核素剂量。
21. 在患者出院前检查和批准诊断影像的质量。
22. 将核医学程序与其他程序（如计算机断层扫描、超声波、磁共振成像和血管造影）进行比较。
23. 就所需的剂量、技术、患者检查姿势和投射方法，指导核医学技师或技术人员。
24. 为患者和员工制定并执行辐射防护标准。
25. 制订核医学部门的计划和程序。
26. 监督放射性物质的处理，确保遵循既定程序。
27. 为个别患者开具放射性核素处方和相应剂量。
28. 审查程序申请和患者的病史，确定程序和所用放射性核素的适用性。
29. 向研究生教授核医学、放射诊断学或其他专业课程。
30. 检测剂量评估仪器和测量仪，确保其操作正常。

图 8-1 与放射科医生相关的 30 项任务

资料来源：O*NET，https://www.onetonline.org/link/summary/29-1224.00。摘自“29-1224.00—Radiologists”，由国家 O*NET 发展中心提供。在 CC BY 4.0 许可下使用。

然而，我们也可以从另一个角度来看待人工智能将如何改变我们的工作生活和生产方式。斯坦福大学教授蒂莫西·布雷斯纳汉认为，人工智能的潜力可以被解构为可执行任务，但这个过程忽略了曾经推动新技术被广泛采用的原因：系统变革。

布雷斯纳汉认为，我们已经在那些积极采用人工智能的地方看到了这一点，如亚马逊、谷歌、脸书和奈飞：

> 任务级别的替代在这些人工智能技术应用中没有发挥任何作用。这些非常有价值的早期应用，并非劳动力在执行任务后被资本取代的应用。人们之所以关注任务级别的替代，并不是因为它会发生，而是因为通用人工智能的定义包括"通常由人类完成的任务"。在通用人工智能实现商业化之前（在可预见的未来不太可能），应该专注于分析实际人工智能技术的能力和应用。虽然未来可能会发生一些任务级别的替代，但这与人工智能技术的价值主张无关。[5]

领先科技公司的人工智能并不是示范性的项目。这些人工智能包括创造数十亿美元收入的大规模生产系统。这些系统不是由一个个任务构建的，其中有一些涉及人工智能。相反，大型科技公司构建了全新的系统。

人工智能的成功采用体现了我们所说的系统思维。与任务思维形成对比的是，系统思维看到了人工智能的更大潜力，并认识到为了产生真正的价值，包括机器预测和人类在内的决策系统都将需要被重组和构建。这种情况已经在一些地方出现了，但历史告诉我们，对于刚进入某个行业的新企业来说，实施系统变革以利用新的通用技术（如人工智能预测）要比成熟企业更容易。虽然汽车比马好，但汽车需要加油站、良好的道路和一套全新的法律才能保障顺利运行。

价值与成本

作为经济学家，我们与其他经济学家一样，往往关注成本。我们的第一本书《AI 极简经济学》的整个前提是，人工智能的进步将大幅降低预测的成本，从而导致其使用规模的扩大。然而，尽管该书指出人工智能最开始将应用在已经存在预测的领域，如销量预测或天气预报，以及照片分类和语言领域等，但我们也意识到，只有当预测成本降到足够低时，新的应用和用途才会出现，那才是真正的机遇。

与此同时，通过在创新颠覆实验室与人工智能初创企业的合作中，我们发现，创业者最初的推销方式完全是关于某个人工智能系统如何对企业产生价值，因为这将为企业节省雇用员工的成本。在为这些人工智能产品定价时，他们采用的是成本思维，计算出所节省的工资和其他成本，并在此基础上为替代他们的机器定价。

通常情况下，这样的推销会非常艰难。如果你去找一家企业，并告诉它如果砍掉某个岗位，你的人工智能产品可以每年为它节省 5 万美元的劳动力成本，那么你的人工智能产品最好能把整个岗位砍得干干净净。然而，创业者发现，这些人工智能产品也许只能减少一个人工作中的一项任务，这对于他们的潜在客户而言，节省这点劳动力成本是远远不够的。

更好的推销方式不是专注于替代，而是关注价值。这些推销方式展示了人工智能产品如何使企业获得更多利润，如通过向自己的客户提供更高质量的产品。这种方式的好处在于不必证明人工智能在执行特定任务时所需成本比人类成本更低。这也减小了采用人工智能的内部阻力，从而企业的销售任务也会变得更容易。这里的关键是，相较于以节省成本为重点的方法，使人工智能增值的方法更有可能让人工智能的使用获得真正的推广。[6]

我们在以往的技术革命中也看到了同样的对立。正如在第一章中所讨论的电力，其在制造业中替代蒸汽的过程是缓慢的，花费了几十年的时间。只有当电力成本低于蒸汽成本时，现有的工厂才会考虑采用电力。对于那些已经设计成依靠蒸汽运行的工厂而言，这是个难题。然而，在制造商意识到电力将使它们有机会在大面积的平坦区域上重新设计工厂，从而摆脱城市中的高额租金后，它们对投资新工厂的兴趣就大大增加了，因为这样的设计非常有可能显著提高生产力。另外，电动汽车曾被认为是比燃油汽车更有前景的技术。不过事实证明，汽油使汽车跑得更远，因此燃油汽车取得了胜利，至少在 21 世纪初电池技术取得进展之前都是如此。电力在重新设计的工厂中提高了价值，但在交通等领域却没有。最终，价值获胜。

这里的重点是，采用新系统需要替换既有系统。单纯的成本计算很少会推动这种替换。建立新系统会有过渡成本，如果你只能节省既有系统成本的一小部分，那么这种替换可能就不值得。新系统能做新的事情——也就是说，带来新的价值创造机会——这才是让采用新系统成为现实的动力。

系统变革的挑战

关于人工智能在医学领域潜力的研究已经有很多了。[7]埃里克·托普的《深度医疗：智能时代的医疗革命》一书解释了人工智能是如何改善诊断的，使医生有更多时间与患者交流并了解他们的需求。医学中的人工智能应用包括疾病诊断、自动化手术、家庭患者监测、个性化治疗以及药物发现和再利用。[8]这让人们开始担忧“人工智能在医疗保健中的阴暗面”，即人工智能与医学博士互相竞争。[9]

也许《深度医疗：智能时代的医疗革命》如此有影响力的原因是，托普了解医疗保健系统（他是一名心脏病学家和美国斯克利普斯研究所分子医学教授），以及人工智能（他在学习与医疗保健相关的技术和局限性方面投入了大量时间和精力），并且他十分擅长沟通，能将复杂事物用浅显的语言表达出来（他是斯克利普斯转化研究所的创始人和主任）。[10]但问题是，他不是经济学家。因此，他没有从激励的角度讨论人类行为，或者他认为医生技能高于这些原始本能。我们担心的是，如果我们只是把新的人工智能技术应用到现有的医疗保健系统中，那么医生可能会没有动力使用，因为这取决于新的人工智能技术是否会增加或降低他们的报酬，而报酬是由收费服务等决定的。

托普认为，如果人工智能可以为医生节省时间，那么医生就会把节省出来的时间用于与患者的交谈和沟通上。然而，并没有清晰的证据表明，过去为医生提高工作效率的工具增加了医生与患者交流的时间。而且事实可能正好相反，如果人工智能提高了医生的工作效率，医生可能会在不降低收入的前提下减少为每位患者花费的时间。为了实现托普所期望的有价值目标，我们需要的不仅是新的人工智能技术，还需要一个新系统，包括新的激励机制、培训、方法和文化，让医生以托普书中所期望的方式使用他们的技术工具。

因此，尽管《深度医疗：智能时代的医疗革命》和其他文献都描述了许多利用人工智能改善医学领域的机会，但医疗保健并没有走在采用人工智能的前列。在对各行业的人工智能和机器学习工作进行研究后，我们发现医疗保健排名垫底。截至 2019 年底，与人工智能相关的医疗保健工作数量很少，仅比建筑业、艺术和娱乐业多一些。甚至住宿和餐饮业，交通运输业、仓储和邮政业都拥有更多具备人工智能相关技能的员工。[11] 其中一个原因可能是医疗保健系统过于复杂。图 8–2 展示了美国医疗保健系统，该系统属于美国国会于 2010 年制定的奥巴马医改法案。[12]

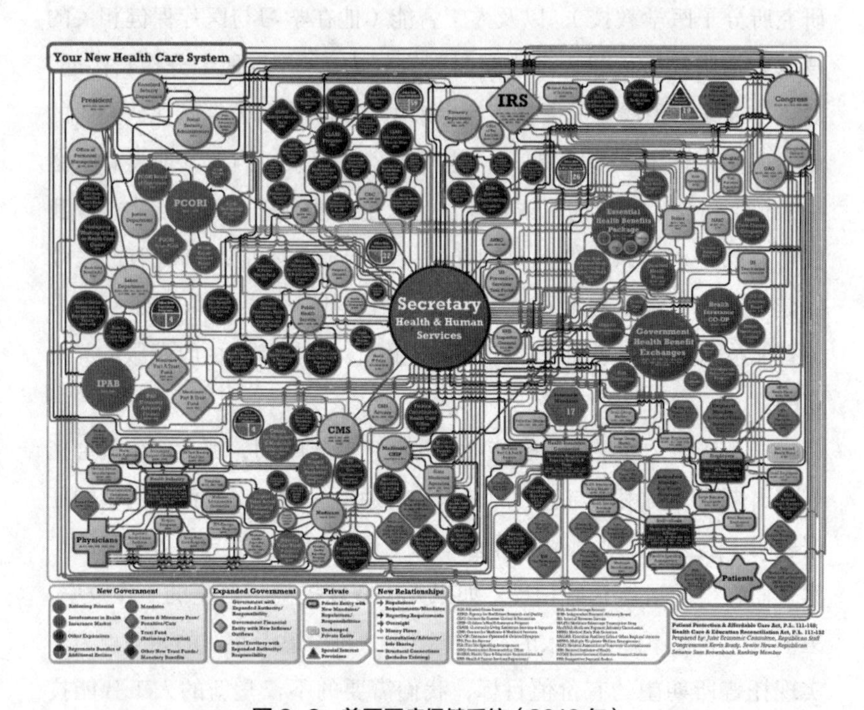

图 8–2 美国医疗保健系统（2010 年）

资料来源：美国国会联合经济委员会，“看懂奥巴马医改法案图”，2010 年 7 月，https://www.jec.senate.gov/public/_cache/files/96b779aa-6d2e-4c41-a719-24e865cacf66/understanding-the-obamacare-chart.pdf。

在众多的协调决策中，除非进行其他改变，否则点解决方案和应用解决方案的价值都是有限的。要想象人工智能怎样实现个性化治疗可能容易，但只有大量不同的人改变他们的工作方式才能实现这一目标（如收集更多的个人数据、提供个性化的护理、创建以护理为中心的报销方式）。医疗保健领域的人工智能点解决方案往往给人们提供无法利用的预测（如没有可用的治疗方案）。人工智能应用解决方案往往会促成无人能采取（如责任规则导致采用人工智能困难）或者不愿采取（如它们与报酬制度不匹配）的行动。困难不在于预测不够准确或者行动没有用处，而在于要让所有组成部分协同工作并非易事。

要实现这一目标，需要进行系统变革。我们对于有人工智能支持的新医疗保健系统已经有无数的设想。[13] 如果由人工智能提供诊断，那么医疗保健中关于谁有权力进行何种操作的规则就应该改变。当机器进行诊断时，医生的主要职责可能就是提供人性化的医疗服务。这就需要其他各种变革。医学院将不再要求学生背诵医学案例，也不再根据学生对生物学的掌握程度来选拔学生，而通常学生需要依靠其能力在考试中取得好成绩。这些技能在十年的高等教育中可能不会有太大提高，因此面向患者的医生可能只需类似本科学位的学历即可。反过来，这将需要对谁有权提供哪些医疗保健服务进行重大的监管变革。也许病人护理会成为药剂师的主要职责，也许社工会进入医生曾经的工作领域。在第十八章中，我们将提供一个能在医疗保健中开发人工智能系统解决方案的流程，并对在急诊医学中的人工智能系统提出设想。也许这一切都不会发生，因为需要变革的东西实在太多了。

人工智能也可能改变全球卫生系统。世界银行已经指出人工智能等技术如何在不同国家之间实现公平竞争。[14] 远程患者监测和机器诊断的结合可以改善偏远地区的医疗保健水平。

喀麦隆的心脏病专家都在市区的医院工作，而该国 2 500 万居民中的许多人都离这些医院很远。大多数患有心血管疾病的人从未被诊断出来。喀麦隆的发明家阿瑟·赞格开发了 Cardiopad 来解决这个问题。Cardiopad 是一种远程心电图工具，利用它则不需要当地的心脏病专家进行检查。该工具已经为数千名患者提供了远程诊断，但仍需心脏病专家进行最终诊断。2020年，与Cardiopad合作的20名心脏病专家不堪重负，因为整个国家只有60名心脏病专家。Cardiopad解决了心电图的获取问题，但未解决规模化诊断的问题，而这需要能够进行诊断的机器以及愿意接受诊断的人。此外，一旦成千上万的人被诊断出疾病，还需要基础设施来治疗这些患者。

目前，诊断和治疗的数量是紧密相连的。通过限制诊断，现有系统在需要治疗的患者数量上几乎没有不确定性。Cardiopad就是该系统的一个组成部分，解决了心脏病专家与患者之间的距离问题。在喀麦隆，若想大规模改善心血管疾病的治疗，就必须改变诊断的方式，并开发新的治疗路径，然后反过来利用改变进行诊断。这些系统解决方案仍需进一步开发。[15]在此之前，Cardiopad将继续改善喀麦隆千万名患者的医疗保健，但无法提升全民的心血管健康水平。

IBM是一家比Cardiopad更大的公司，其沃森系统是该公司的一个突破性项目，将对医疗保健领域产生巨大的影响。最终却没有达到预期的效果，因为存在数据问题和预测错误的实际风险。正如IBM的一位合作伙伴所说："我们以为这会很容易，但事实证明确实太难了。"[16]虽然确定哪些任务适合人工智能点解决方案或应用解决方案是很容易的，且IBM已经弄清楚了这一点，但事实证明，将这些解决方案有效地嵌入现有系统非常困难，而且新系统尚未出现。

反过来看

在"中间时代"的最初阶段，采用人工智能的机会通常是被动的。供应商会向你提供一种新的人工智能技术，用于预测与你的组织有关的事情；或者你已经要求内部团队对其工作流程进行分析，确认是否有机会使用人工智能来协助完成一项或多项任务。[17]这是一个不错的方法，但只适用于利用人工智能点解决方案。

到目前为止，我们希望已经说服你，寻找机会采用具有变革意义的人工智能是有价值的。你需要检查整个系统，并了解人工智能是如何促进系统向更好方向发展的，而人工智能最重要的机会就在这里。

谈论系统思维容易，真正形成却很困难。隐藏的不确定性通常很难被找到，将现有系统黏合在一起的规则也很难被去除。第一步要做的是认识到系统变革是必要的，而这种认识已经在经济部门中出现，接下来我们将讨论这个问题。

本章要点

- 目前，任务层面的思维是主导方法，即在经济各个部门中规划引入人工智能。其主要思路是确定一个职业中的具体任务，这些任务依赖预测，而预测是由人工智能（并非人类）以更准确、快捷、廉价的方式产生的。企业领导者、管理顾问和学者基本上都认同这种方法。
- 任务层面思维的主导地位令人惊讶，因为迄今为止，人工智能最引人注目的应用并不是在任务层面替代人类劳动，而是新的系统层面的设计。因为人工智能具备了预测能力（如亚马逊、谷歌、奈飞、苹果等），所以新的系统层面的设计成为现实。任务层面的思维会导向点解决方案，其动机通常是基于劳动力替代的成本节约。相比之下，系统层面的思维会导向系统解决方案，其动机通常是创造价值，而非节约成本。
- 人工智能在医疗保健领域有许多应用：疾病诊断、自动手术、家庭患者监测、个性化治疗、药物发现和再利用等。然而，到目前为止，医疗保健系统从人工智能中获益甚微，部分原因是获得监管部门的审批需要大量时间，但更多原因是在现有医疗系统中使用人工智能点解决方案的好处不明显。要想充分发挥人工智能在医疗保健中的作用，就需要一个系统解决方案。我们必须从头开始，想象该如何在一个全新设计的系统中更好地为人们的健康服务，同时这个系统又能获得全新的、强大的预测技术。这意味着需要重新思考培训、交付程序、薪酬、隐私和责任。总而言之，这意味着要采用系统思维。

第九章

最伟大的系统

《福布斯》杂志的一篇文章称："AlphaFold 是人工智能领域有史以来最重要的成就。"尽管该杂志往往夸大其词，但《自然》这样严肃的学术期刊也发表了类似的观点："AlphaFold 将改变一切。"[1]

AlphaFold 能够预测蛋白质的结构。蛋白质是生命的构建单元，负责细胞内进行的大部分活动，功能和作用取决于其三维结构。在分子生物学中，"结构即功能"。

长期以来，科学家一直想知道蛋白质的结构从何而来，一个蛋白质的组成部分是如何从其最终形状的众多扭曲和褶皱中映射出来的。几十年来，实验一直是获取良好蛋白质结构的主要方法。

有了 AlphaFold 这样一个基于氨基酸序列预测蛋白质结构的工具，科学家可以发现有关生命构建单元的全新事实。[2] 加利福尼亚大学旧金山分校的研究人员使用 AlphaFold 分析了一种名为 SARS-CoV-2 的关键蛋白质，发现了之前未知的细节，这推动了新冠病毒治疗方法的发展。科罗拉多大学博尔德分校的科学家花了多年时间试图确定一种特定细菌蛋白质的结构，以帮助对抗抗生素的耐药性，现在使用 AlphaFold 在 15 分钟内掌握了该结构。[3] 另一个实验室指出，在尝试其他工具10年后，AlphaFold在30分钟内展示了一个蛋白质的结构。[4]该实验室的负责人安德烈·卢帕斯说道："这将改变医学，改变研究，改变生物工程。"

创造一种发明方法

如果我们必须指出人工智能最有可能改变经济的领域，那就是大多数普通商业活动的上游：创新与发明的系统。好消息是，在这里，人工智能的实践者似乎认识到系统思维对于人工智能的采用是必须的。如果AlphaFold想要改变医学、研究和生物工程，就必须超越点解决方案。

2017年，我们主办了第一届NBER（美国国家经济研究局）人工智能经济学会议。在会上，经济学家伊恩·科克伯恩、丽贝卡·亨德森和斯科特·斯特恩认为，人工智能"有可能改变创新过程本身"。数据科学已经是科学进程的一部分，而人工智能将使数据科学更好、更快、更便宜，并将实现新型预测。这将开辟新的研究途径，并提高实验室的生产力。[5]作为一种创造产品的新方式，而不仅是对特定产品的改进，研究工具的经济影响不仅在于它们能降低创新成本，[6]还改变了创新的游戏规则。

显微镜也是一种新的发明方法。从显微镜中诞生了病菌理论，从这个理论中诞生了现代医学的很多内容。病菌理论使人类能够对抗病毒和细菌，也改变了医学的其他方面，如手术在医学上变得有用，分娩变得更安全，医院成为人们康复而不是去世的地方。[7]

然而，人工智能不仅是一种发明方法，它还可能是一种通用技术。这就是为什么人工智能需要系统变革，以及为什么人工智能的潜力暗示着一种悖论。

新的创新系统

创新是一个结构化的试错过程。图 9–1 展示了这个过程在大多数情况下的运行方式。首先，研究机构设定一个目标，并提出如何实现该目标的假设，然后设计并运行一个实验来测试主要假设。通常情况下，实验会失败，并通过失败获得知识和新的假设，其中一个假设会带领实验走向成功。随后，该机构会运行一个试点项目，如果试点成功，那么创新就可以做大规模的部署。

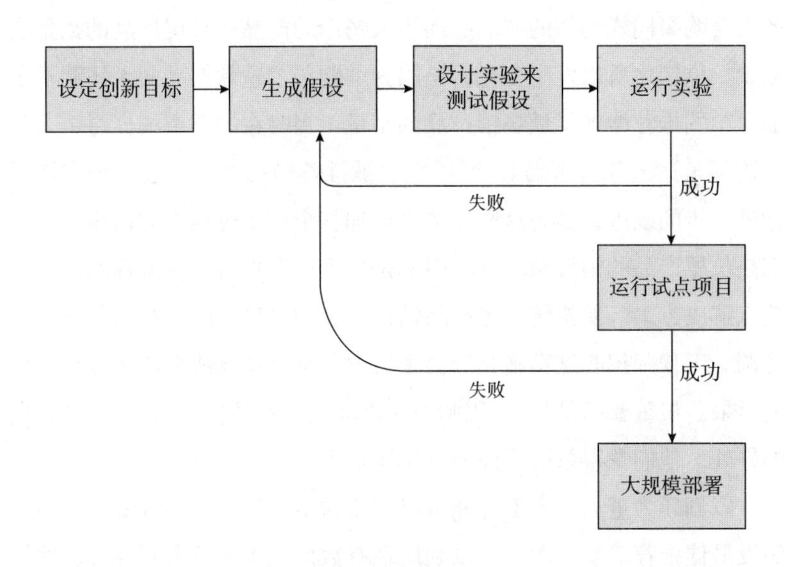

图 9–1 创新过程

这个过程既适用于相对简单的创新系统（如内容推荐引擎），也适用于更复杂的系统（如药物研发系统）。我们将依次讨论这两种系统。

像亚马逊和 Spotify 这样推荐系统的目标可能是最大化用户参与

度或增加销售额。商学院教授李道均和卡提克·霍桑纳格与一家大型线上零售商合作，研究推荐引擎的细节是如何影响销售额的。他们比较了两种引擎：一种是“协同过滤”推荐引擎，即“购买了这款产品的人还购买了那款”；另一种是基于关键词搜索的引擎。他们合作的公司有一个假设或理论，即推荐引擎会增加销售额。然后，他们进行了一个实验，随机向一些用户展示新的推荐引擎，向其他用户展示基于关键词搜索的旧引擎。在大多数产品类别中，新引擎的销量更高。这次的干预是成功的，所以该公司决定部署它。

推荐引擎还提供了一些新的机会。它改变了产品的供销，使更多的人会购买同样畅销的产品，而不太畅销的产品或长尾产品的销量会减少。供销之所以发生变化，是因为“购买了这款产品的人还购买了那款”的推荐增加了最畅销产品的销量。当时在图书市场，每个人都会购买《达·芬奇密码》，所以它会被推荐给每个人。公司决定不再做进一步的改进，因为这些改进将增加整个供销过程中的销售额，特别是长尾产品的销售额。推荐引擎是一个适合现有工作流程的人工智能点解决方案。要扭转长尾产品销量下降的趋势，就需要与其他部门协调。工程师担心这实施起来会很费力，以及新算法会产生意想不到的后果。最重要的是，“工程师不想破坏现有系统”。尽管考虑到预期的好处，他们觉得系统层面的变化还是太大了。[8]

以创新为重点的人工智能可以改变这个过程。人工智能不再需要假设最佳推荐引擎，而是可以利用现有数据生成成千上万种可能的推荐引擎（见图 9–2）。一旦这个假设生成步骤加快，就可以在比短期购买更具影响力的措施上进行创新，如防止用户流失或长期销售。通过更好的假设，也许可以进行更多的实验，并获得更高的收益率和更大的投资回报。此外，如果预测足够准确，还可以跳过实验或试点阶段。本书作者之一阿杰伊与经济学家约翰·麦克海尔及亚历克斯·奥特尔在新材料发现领域模拟了这个想法。[9] 在生成假设的阶段进行更好的预测，可能会产生一个全新的系统。

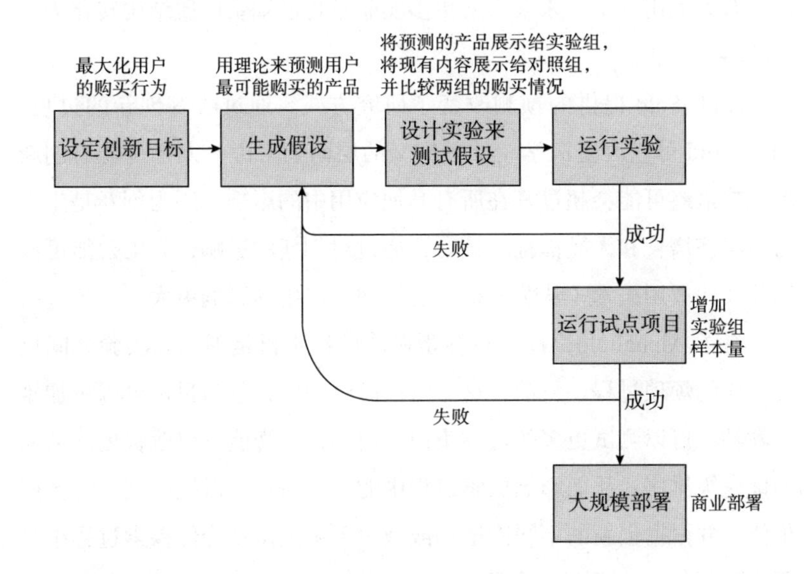

图 9-2 推荐引擎的 A/B 测试（简单）

更复杂的药物研发系统也可能产生同样的系统变化，其目标是设计新的药物，而过程是类似的——生成假设、实验、试点和部署。

当然，这些机会取决于人工智能预测的重大进步。AlphaFold 可能正是这样的突破。AlphaFold 的预测本身并不会改变医学、研究或生物工程，但它可以帮助在寻找预测的研究人员更高效地工作。就像本书前面提到的金融欺诈检测公司 Verafin 一样，更好的预测是一个点解决方案，可以嵌入现有系统并使其运行得更好。

围绕 AlphaFold 的夸大之词是出于对新医学研究系统的憧憬。该系统将“需要更多的思考，而不是倒腾试管”。[10] 一旦能够轻松预测任何蛋白质的结构，研究方法就会改变。那些努力利用 AlphaFold 所带来机会的人意识到，现在有更多机会为疑难杂症研发治疗方法，因为他们发现蛋白质结构变得简单了，专门确定蛋白质结构的实验室已经没有太大用处了。未来需要更多实验室将已知蛋白质结构转化为有用的治疗方法。

AlphaFold 提供的预测改变了研究方式。通过改变创新的过程，AlphaFold 可以改变医学。从更广义的层面上来说，人工智能对创新的影响最终可能会超过其在所有其他应用中的影响。因为创新是生产力、经济增长和人类福祉的核心，通过对创新的影响，人工智能可能比前几代通用技术（从蒸汽机到互联网）产生的影响更大。

有了 AlphaFold，预测目标蛋白质结构不再是理论和实验之间反复迭代的烦琐过程。目前，这一阶段已经完成，创新目标可以更加雄心勃勃，可以测试更多的药物蛋白反应。人工智能可以改善创新活动的优先级排序，从而影响探索过程中的生产力；可以提高创新的预期价值，并根据创新的不同而增加或减少下游测试；降低探索过程中与明确瓶颈相关的成本（见图 9–3）。

尽管人们普遍认为我们需要一个新的系统，但如果不投入大量的时间、精力和资源，这样的系统也不会出现。

认识系统

我们的观点是，意识到系统变革的机会是很困难的。我们看到人工智能对创新系统的影响正在不断扩大，许多人工智能系统正在创新过程中出现。例如，多伦多大学的教授艾伦·阿斯普鲁 – 古兹克正在利用人工智能进行化学研究。一个能够预测要测试哪些假设的人工智能被整合为系统解决方案的一部分，其中还包括人工智能控制的机械臂和一个装备齐全的便携式实验室，用于运行自动化实验。他将这个系统称为“自驱动化学实验室”。[11]

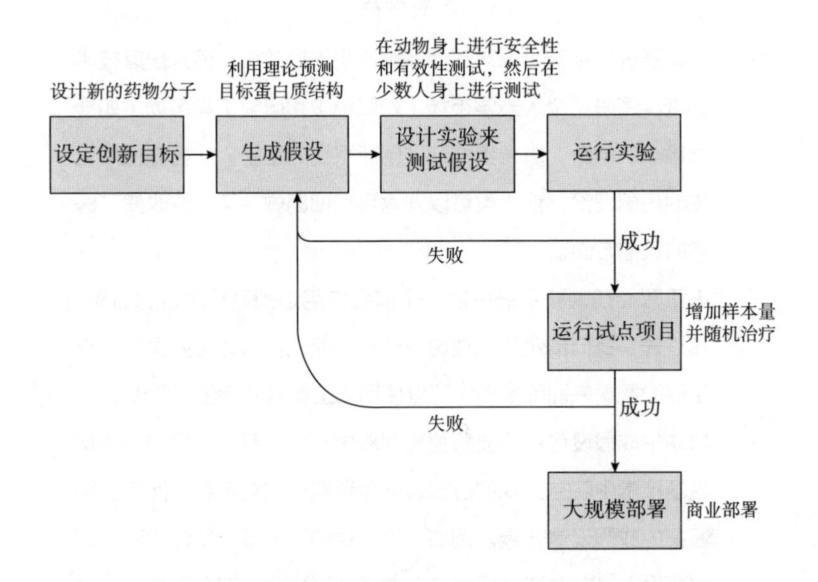

图 9-3 药物研发（复杂）

然而，经济领域的许多其他部门尚未意识到变革的必要性。而且，认识到需要系统变革只是第一步。正确的变革是必要的，这需要大量的投入和一点儿运气。很少有大型企业认为有必要改变其所在行业的运作方式，特别是在其所在行业目前正处于盈利的情况下，因为出错的风险太高了。

这就是为什么技术变革可能会导致颠覆。技术带来了建立业务和为客户提供服务的新机会，但具体如何实现并不清楚。当初创企业和小型企业有创新动力而大型企业没有时，创新就会在由小型企业服务的小市场中孵化，直到它们的产品发展为大市场的可行替代品。最终，行业巨头垮掉，新的经营方式也从这些令人惊讶的地方产生。接下来，我们将讨论这种变革。

本章要点

- 创新系统的创新可以对其他系统产生连锁效应。镜片研磨技术的进步带来了个人光学市场（如眼镜）和研究工具市场（如显微镜）的创新，进一步推动了创新系统的创新。从显微镜中诞生的病菌理论，让人类可以同病毒和细菌做斗争，并改变了医学的其他方面。
- 人工智能在创新系统中的一个核心作用是预测新组合的后果。在过去，我们依赖科学理论或试错，而现在有时（如果我们有足够的数据来训练模型）可以使用人工智能预测生成假设。
- 自动生成假设可能会显著提高创新生产力。然而，要想充分从这项技术中获益，我们必须重新思考整个创新系统，而不仅停留在生成假设这一步。例如，流程中的下一步（设计实验来测试假设）没有改变，只是在下游造成了瓶颈，那么更快地生成假设也不会产生什么影响。

第四部分

权 力

第十章

颠覆与权力

让我们先来简单回顾一下。人工智能具有引发技术变革的潜力，但历史告诉我们，变革并不容易。虽然新技术最初带来的成果是点解决方案和应用解决方案，但其真正的采用和变革是在由技术驱动的新系统建立之后。人工智能提供预测，并通过改进决策创造价值。点解决方案能让预测改善现有决策，应用解决方案则有可能提供新的决策。这些新的决策并不会突然出现，相反，它们会取代规则。规则容许错误存在，并且通常围绕它们建立了一些框架（如机场航站楼）以减轻其后果。因此，本来可能成为人工智能预测目标的不确定性会被掩盖。由此产生的建立在规则之上的系统可以非常稳固——我们称之为“黏合”。这意味着，除非我们采用系统思维，否则将规则变为决策并利用人工智能可能就毫无价值了。

为了实现人工智能的变革潜力，我们需要在系统层面进行创新。本书剩余部分将讨论这项工作以及许多组织将面临的挑战。最重要的是要明白，这个过程将带来颠覆。

如今，颠覆是一个有争议的词。作为经济学家，我们对流行词避而远之；而在技术领域，也许没有比“颠覆”更流行的词了。然而，当考虑到在全系统变革的背景下采用人工智能时，这个词就很恰当，原因有以下三点。首先，如我们之前所述，人们可能看不到应用人工智能的机会，因此现有行业容易出现盲点。其次，在推翻现有系统并建立新系统的过程中，挑战和权衡是伴随着技术变革而产生的创造性破坏过程的重要组成部分。最后，随着旧系统被新系统取代，权力必然会发生转移——具体来说，是经济权力——这使权力的积累成为系统创新与潜在颠覆的回报，这是需要担心和抵制的事情。这三点与许多人所认为的“颠覆”一词有关，因此，在这里使用这个词是合理的。

预测能引发颠覆

本书的剩余章节将讨论人工智能预测及其采用会如何造成颠覆。当然，由于它还没有发生，在此过程中我们也进行了猜测。这种猜测是基于我们对人工智能预测和技术经济学的了解。在数据收集和计算机的帮助下，我们的预测能力较之前也有了进步。

直到 20 世纪 90 年代，发电都是一个受严格监管的行业。在大多数国家，生产和输送电力到企业和家庭的整个过程都是由垂直一体化的组织负责完成的。其中一个原因是发电成本高，而且几乎无法储存电力。如果你知道需要多少电力，你就可以按需生产。但一天中的每时每刻都会有数百万个独立的用电决策，如果无法满足其需求，那么整个电网就可能崩溃。

实际上，你可以随意掌握发电量，但同时你还必须兼顾其他各种事情。例如，你必须确保不同地区配电线路的送电量不会达到饱和，也要考虑到无法使用的发电厂，以及燃料成本的变化。最终的结果是，在任何时候都要严格控制并有多余的供应量，以备不时之需。核心是谨慎。

随着时间的推移，天气预测、工程预测和停机时间预测都变得越来越准确。计算机和大量的经验都对此提供了帮助。在操作层面上，这使电力公司稍微放松了警惕。但这些计划系统在节约燃料成本方面做得并不好。与运行低发电量的天然气发电厂相比，运行大型煤电厂或核电厂会更容易。

预测能力的提高最终促使行业组织结构发生了变化，朝着更大的模块化方向发展，并减少了集中协调。发电厂不再受严格控制和规划，对需求和分配的更好预测意味着各发电厂可以竞标向本地市场销售电力。到 20 世纪 80 年代末，经济学家和电力专家意识到，这种电力联营市场可以在不影响质量的情况下降低成本。

确保电力供应量超过需求量这一核心问题并没有消失。相反，对本地电力需求量的精准预测意味着各工厂的发电决策可以分散进行。电厂提前一天收到竞标，供应量就可以满足需求量，几乎不会出现价格过高的风险。当然，其中会出现价格飙升等问题，而发电厂老板无疑乐见其成。在整个系统中，更好的预测意味着更少的统一规划和更多的竞争，总体电力成本会大幅下降。[1] 现在几乎所有的主要经济体都拥有以前无法想象的电力联营市场，而所有这些都得益于更好的预测。

预测开辟了组织电力行业的新方式，即分散式发电。更好的预测意味着实时需求量大大超出预期的事件越来越少。因此，可以将预测信息提前至少一天发送给各发电厂、输电线路运营商和分销商，然后它们可以各自向中央系统运营商传达其供应意向。这意味着它们有了更大的自主权，因此就有机会去选择投资不同的发电厂和其他提高效率的方式。这时就不需要统一规划一切事情了。

电力行业的转型是从中心化到去中心化的转变。但关键是这一转变影响到谁掌握权力，不是电力方面的权力，而是经济方面的权力。

如果你拥有或控制的东西在市场上既有价值又稀缺，那么你就拥有了经济权力。假设有两张肖像画，一张是毕加索为其配偶画的，另一张是你五岁的孩子给你的配偶画的，那么你对这两幅画的所有权是完全不同的。两张画都是独特的，因此都是稀缺的，且都同样不准确地表现了人物的长相，但其中一张更有价值。这也是为什么拥有毕加索的原作与拥有同样画作的印刷品是不同的。两者在审美上是等价的，但前者是稀缺的，后者不是。

稀缺性是经济权力的基础，竞争可以改善事物稀缺的局面，因此经济学家有时将经济权力和垄断权力视为等同。当以前稀缺的事物遭遇竞争时，权力就会转移。

对依靠垂直一体化结构保护自己免受竞争的生产者来说，电力领域的变化非常具有颠覆性。实际上，尤其对发电厂来说，竞争意味着利润降低，因为现在它们必须通过竞标才能被调度，而不能依赖长期合同和其他安排。同样，更多的分销商有机会将本地系统与更广阔的区域市场互联。但在美国本土，只有 10 个市场跨越了多个州。

我们经常在颠覆中看到这种情况。传统供应商拥有经济权力的行业突然面临竞争，它们的权力被削弱了。不过，权力不会消失，只是发生了转移。在电力领域，权力从垂直一体化的供应商手中转移到了其他人那里，但最重要的是转移到了电力消费者身上。

在其他情况下，通过竞争产生的颠覆会将权力从传统生产者转移给新的生产者。换句话说，垄断权力仍然存在，只是垄断者换了个名字而已。因此，经济权力并不受新型创新本身的威胁，而是创新带来的奖励。正如我们将看到的，当颠覆以系统创新的形式产生时，这些权力主体之间会出现权力的交接。然而，那些与当前系统没有利益关系的人，往往最能从创建新系统中获得回报。

颠覆性威胁

为什么颠覆——特别是由系统创新产生的颠覆——对现有企业构成了如此大的威胁，削弱了它们的经济实力，而反过来又为新进入者提供了如此大的机会呢？

“颠覆”一词起源于克莱顿·克里斯坦森的研究。[2] 克里斯坦森指出，行业巨头可能会对新技术及其对客户的价值“提出错误的问题”。因此，对于那些给不了自己客户太多好处的技术，行业巨头会望而却步。然而，从市场巨擘那里得不到服务或周到服务的客户却非常喜欢那些技术。例如，硬盘驱动器制造巨头侧重于性能和存储，但也有客户愿意用这些优势来换取更小的尺寸或节能。新进入者可以抓住这些机会，如果这些技术得到改进，它们最终会成为该行业强有力的竞争者。[3]

当激进的技术变革不能改善传统衡量指标的表现，但在某些情况下，却能改善现有行业中非重要指标的表现时，真正具有挑战性的颠覆就出现了。这可能会给行业巨头带来盲点。历史学家吉尔·莱波尔描述了这一理论：

> 在 1997 年《创新者的窘境：领先企业如何被新兴企业颠覆》一书中，克里斯坦森认为，这往往不是因为企业高管做出了错误的决策，而是因为他们做出了正确的决策，正是这些良好决策让企业在几十年间获得成功。（“创新者的窘境”就是“做得对是错事”。）克里斯坦森认为，问题在于历史有自己的发展速度，它不是像错过机会这样的问题，比如飞机没载上你就起飞了，而是你压根儿不知道有飞机，还误入了你以为是草地的机场，结果飞机

在起飞时把你撞飞了。[4]

我们已经知道，规则和隐藏的不确定性是导致这种盲点的原因。当出现这种情况时，要管理颠覆就不是简单地应对不同的客户群体，而是要调整企业组织结构并且确定要优先解决的问题。被颠覆的最快方法就是忽视实施新技术需要进行的组织变革。

英国人在第一次世界大战结束时开始使用的坦克就是其中一个例子。坦克速度较快，可以在敌军中造成混乱。至少这是当时英国坦克负责人约翰·弗雷德里克·查尔斯·富勒的想法。但在两次战争期间，英国无视了富勒的计划，将坦克归为骑兵部队。当德国重新军事化后，“英国陆军的最高指挥官、陆军元帅亚奇巴尔德·蒙哥马利－马辛伯格爵士将马匹饲料的开支增加了10倍，以此来应对德国。骑兵军官将获得第二匹马，坦克军官也将获得一匹马”。[5]相比之下，军事组织已经被摧毁的德国人没有试图将新技术纳入现有组织。他们明白新技术意味着新的军事组织和新战术。德国将新战术称为“闪电战”，并邀请富勒参与首次战役。

虽然英国军方的荒唐行为可能让人认为是自大或愚蠢，但类似的桥段在商业史上一再出现，学术界也并没有忽视这些。当克莱顿·克里斯坦森于1990年在哈佛大学钻研他的颠覆理论时，丽贝卡·亨德森和金·克拉克也在研究同样的现象。[6]与克里斯坦森关注需求方面（即缺失的客户价值）不同，亨德森和克拉克关注的是供应方面（即缺乏组织适应性）。他们指出，在许多情况下，技术变革是结构性的，会改变组织的优先规则，而由于组织结构很难被改变，这就为能够从零开始的新生组织提供了良机。[7]

离我们比较近的例子是iPhone（苹果手机）。2007年，手机行业正处于加拿大企业Research In Motion（RIM或黑莓）的统治时期，该企业研发了黑莓通信设备。这是一款手机，但更重要的是，由于其内置键盘，它也是一台收发电子邮件和短信的设备。商务人士对它爱不释手。一位美国国务卿非常喜欢它，以至于建立了自己的私人服务器，在任职期间一直使用它。它之所以成功，是因为键盘硬件设计精良，发送消息的硬件网络高效且安全，同时设备也经得住摔打。

相比之下，iPhone 则很脆弱。它没有黑莓用户喜欢的键盘，依赖于速度较慢的移动互联网基础设施进行交互，消耗电池寿命，且通话功能很糟糕。因此，包括 RIM、诺基亚和微软在内的整个行业都对 iPhone 不屑一顾，并让它离开这个行业，把专业的事情留给专家来做。

我们可能很容易再次认为这是自大的行为，但行业巨头的所有批评都是正确的。它们不明白的是，iPhone 选择了一种新的智能手机架构。它将硬件和软件整合在了一起。为了实现一种以不同方式组装的设备，它不得不牺牲所有组件的性能。若将这些组件分开来看，一切都显得很糟糕。但如果你了解这个系统，情况就不同了。因此，看到 iPhone 机会的科技公司是一家没有传统行业发展组织的公司——谷歌。

处理结构性或系统变革所面临的挑战就在这里。第一，为了实施变革，你需要那些最初看起来没有竞争力的产品，因为它们必须做出选择，牺牲客户似乎会关心的性能。第二，为关注性能而创建的现有组织，没有能力迅速理解新技术所做的所有权衡，即“只见树木，不见森林”。第三，对于这个错误没有快速的反馈。iPhone 花了 4 年的时间才对手机制造巨头的销量产生影响。黑莓在 2007 年后销量达到了最大值。只有在苹果和谷歌都推出自己的设备之后，新的手机设计才受到青睐。

到那时，对于所有行业巨头来说，重组并奋力追赶都为时已晚——尽管它们确实尝试过。

系统变革的困境

当由人工智能驱动的决策成为系统的一部分时，采用人工智能可能需要对新系统进行组织性的重新设计。正如我们刚刚讨论的，现有组织在创建新系统时面临的一个困难是，它们已经过了优化以获得现有技术的强大性能，但是采用人工智能可能需要它们改变关注重点。在某些情况下，人工智能会推动组织变得更加模块化，而在其他情况下，它会促使组织去更好地协调各个部分。其挑战在于认识到当前的关注重点才是问题所在，并且需要大范围的变革。

当高层管理人员意识到，为了在一个或多个关键决策领域采用和整合人工智能预测需要一种新的组织设计时，就会面临进一步的挑战。这是因为组织设计总是涉及价值的改变，进而涉及组织内不同资源供应者的权力改变。那些预计在权力重新分配中会蒙受损失的人将抵制变革。组织很少像教科书上的独裁体制那样运作，首席执行官说什么就是什么，然后就有了变革。相反，那些预计权力会受到削弱的人会抵制变革。在这个过程中，他们可能会采取一些行动，在最好的情况下，这些行动会增加变革实施的难度；在最坏的情况下，这些行动可能会导致组织的重新设计被完全打乱，甚至产生逆转。[8]

有许多例子表明了采用颠覆性技术会导致可能失去权力的人对变革的抵制。举个例子，我们来思考一下百视达录像带的故事。百视达在 20 世纪 90 年代和 21 世纪初是录像带租赁市场的领导者。人们普遍认为百视达的衰落是由于奈飞和 21 世纪初点播视频的兴起。但实际上，百视达并没有被动地屈服于新的方式。它明白即将到来的变化，但最终未能做好调整。

当奈飞刚起步时，它利用了新的DVD（数字化视频光盘）技术，这种技术的产品比之前百视达出租的录像带体积更小、更耐用。奈飞进行了一些实验，最终通过客户订阅业务获得了商业的成功，客户可以同时租借3张DVD，并且奈飞没有限制他们租借DVD的时间。客户可以在线上订购DVD，然后奈飞会邮寄给他们。因此，这个模式有两个优势。第一，客户无须去实体店租借或归还DVD；第二，没有滞纳金，而对于典型的百视达特许经营店，滞纳金可能占其总收入的40%以上。不过缺点是，奈飞并不一定有最新的影片，而且客户必须有观影计划，不能仅凭冲动来租借DVD。

百视达注意到奈飞能够吸引客户，并且在某些情况下影响了自身的收入。在21世纪初，百视达认识到奈飞正在利用自身模式的一些缺点，于是尝试推出了点播视频——百视达是第一家提供点播视频服务的公司。不过，那时的宽带速度不如今天这么快，所以这个尝试并没有成功。但百视达确实意识到它也可以有类似于奈飞的DVD租赁模式。区别在于，它可以让用户在商店挑选和归还DVD，而不仅依靠邮寄。

但问题是，这种订阅服务削减了特许经营店赚取的占总收入40%以上的滞纳金收入。此外，这些客户并不一定会在商店购买其他商品，如爆米花和糖果。因此，依照奈飞的模式，百视达总部虽然从中受益，但特许经营店的利益却受到了损害。所以就有了抵制行为，尤其是在新模式被证明很成功的时候。最终，这导致百视达董事会决定更换高层管理人员，并恢复到原来的模式，以支持特许经营店。为了对抗奈飞，百视达试图丰富这些商店所提供的服务，而不是简单的视频租赁，但这种做法并没有奏效，几年后百视达就倒闭了。[9]

当然，百视达的案例非常具有戏剧性，既展示了在面对新技术时变革的失败，也展示了内部力量是如何在为时已晚之前阻止变革的。

但正是因为那些从新技术中受益和没有受益的人之间的冲突如此明显，所以它是一个有预见性的案例。零售店在新世界根本没什么用，但这足以阻止企业去适应变革，尽管其高层管理人员明白新组织该怎么做。

正如我们在接下来的章节中将要讲述的，从更广义上讲，人工智能可以带来组织变革，这种变革可以使权力去中心化或者通过协调使其中心化。无论哪种方式，那些因变革而受到损失的人都会非常清楚，正是因为他们在现有组织系统的基础上掌握着权力，所以维持现状就能保证既得利益。

颠覆与机遇

系统层面的变革是困难的，但成功带来的回报却是巨大的。在人工智能方面经常出现的一个问题是，体现人工智能预测的机器——无论是实体机器人还是软件算法——本身是否拥有权力。当你认识到人工智能的本质时，你就不会担忧机器将会拥有权力了。由于这些争论持续存在，我们将在下一章进行讨论。

本章要点

- 行业巨头通常会采用点解决方案，因为点解决方案既可以改善特定的决策或任务，又不会影响其他相关决策或任务。然而，行业巨头通常很难采用系统解决方案，因为这些解决方案需要改变其他相关任务，而组织已经在优化其他任务方面进行了投资。此外，对于某些任务，系统解决方案的效果可能不好，尤其是在短期内，这就为颠覆奠定了基础。

- 我们将权力定义为经济权力。在需求层面上，如果你拥有或控制的东西是稀缺的，那么你就拥有权力。稀缺性是经济权力的基础，而某事物的稀缺可以通过竞争来缓解，所以经济学家有时将经济权力和垄断权力视为等同。当以前稀缺的东西遇到竞争时，权力就会转移。
- 有时，为了充分从人工智能中受益，需要实施系统解决方案。系统重新设计导致的权力转移可能会出现在行业层面（如随着人工智能的普及，掌握海量数据的行业会变得更加强大）、企业层面（如第十二章所讨论的），以及工作层面（如在转向在线电影租赁和邮寄 DVD 时，百视达的特许经营店失去了权力）。那些可能会失去权力的人将抵制变革，他们通常目前拥有权力（这就是他们抵制的原因），因此有能力去阻止系统变革，这就为颠覆创造了条件。

第十一章

机器拥有权力吗

一些头条新闻的标题是“亚马逊如何自动追踪和解雇仓库员工来提高‘生产力’”“亚马逊使用人工智能自动解雇效率低下的员工”“你会让机器人解雇你的员工吗”“在亚马逊被机器人解雇了：你在与机器对抗”“对于低薪员工来说，机器人霸主已经到来”，其中最后一篇文章来自2019年5月的《华尔街日报》。首席经济评论员叶伟平总结了其中的重要观点：是时候停止担心机器人会夺走我们的工作了，而要开始担心它们将决定谁能获得工作。

这引起了很多人的关注。它引发了人们的一种原始恐惧：机器是否会掌握权力来支配人类？

这些文章会让你有这样一种设想：员工在下班后进入一个小房间接受机器扫描，然后机器或者显示绿色，上面写着“明天见”；或者显示红色，上面写着“你被开除了”，并出来一张自动打印的粉色解雇通知单。

总体来说，实际情况并没有这么夸张。目前，亚马逊在使用人工智能预测员工的表现。的确，预测后会进行一次评估，且在评估后员工可能会被解雇。但是，亚马逊不会在没有人类参与的情况下把员工赶出去。亚马逊所做的是衡量员工的表现，使用人工智能评估员工的表现是否有问题，然后由人类经理决定如何处理。如果经理盲目地依赖人工智能的预测，就会给人一种机器控制决策的感觉，就像经理只根据指标来做事一样。在这方面，它与任何绩效衡量方案无异，与我们大多数人需要面对的一些更主观的方案相比，它远没有那么糟糕。

但是，如果这些头条新闻都是真实的，那么你真的会在没有人类参与的情况下被评估然后遭到解雇吗？机器将决定谁能得到工作吗？现在机器是资产阶级而我们是无产阶级吗？

我们将在本章中证明答案当然是“不”。机器人和机器通常不做任何决策，因此它们没有权力。决策的基础是人或一群人。部分事情可以被自动化，并让人觉得是机器在做决策，但这是一种幻觉。从我们目前的人工智能水平来看，真正的决策是由人类做出的。

我们并不是为了提出某种哲学观点而说的这些话，这个就由别人来争论吧。如果我们要正确评估人工智能的颠覆潜力，我们就必须接受机器不会做决策的事实。虽然人工智能无法将决策交给机器，但它可以改变做决策的人。尽管机器没有权力，但一旦部署，它们就能改变权力的拥有者。

当机器改变决策者时，基础系统也必须随之改变。制造机器的工程师需要明白将判断力嵌入产品中的后果，因为可能不再需要能马上做出决策的人了。

机器不做决策的观点并不新鲜。埃达·洛夫莱斯在 1842 年编写了第一个计算机程序，她指出了这一局限性：

> 埃达警告读者，如果用户输入“不真实”的信息，计算机将无计可施。今天，我们称之为“垃圾进，垃圾出”。她是这样说的：“分析引擎不会自诩创造任何东西。我们让它做什么，它就

会做什么。它能仿效分析过程，但它无法预见任何类比关系或者真理。”[1]

机器无法自主行动，只会遵循外部指令。

让我们来考虑一下亚马逊解雇算法的假定版本，即在没有人类参与的情况下衡量绩效并解雇员工。在编写这个算法时，编写者必须明确判断标准，包括如何衡量现行工资、替代雇员的可用性、培训要求，以及工作场所的法律规定等因素；以及如何衡量概率性因素，比如人工智能对员工的预期技能、能力和文化适应性的预测。某个工程师可能一直在尝试完善一个程序，但更有可能的是，如果部署这样的自动化系统，判断标准就会来自一个更加深思熟虑的过程。我们需要建立一个新的决策系统。

将我们很容易想到整个决策过程交给机器来完成。然而，决策的执行可能会完全自动化，但在预测后采取什么行动仍然是由一个或多个人决定的。

走向全球

因为人工智能实现了自动化，机器似乎可以做出决策。预测机器可以改变决策的时间和地点，使人类能够进行审议，判断在出现情况时应该采取什么行动，然后将其编码到机器中。

自动化需要对判断进行编码。在部署机器时，人类必须明确判断标准，而不是在接收预测后再去做。这意味着判断必须对大量决策有用，并且必须以能够编码的方式描述出来，但这并不容易。

多伦多初创公司 Ada 用于自动化客户服务的过程值得借鉴，[2] Ada 的创始人将其描述为推动公司与客户之间互动的自动化层。

2020年上半年，在新冠病毒出现前后，Ada为Zoom（多人手机云视频会议软件）提供了客户服务背后的自动化层，Zoom的日活跃用户从1 000万增长到3亿。[3]Ada自动化了70%的销售电话、98%的免费客户服务互动以及85%的付费客户服务互动。如果你需要重置Zoom密码或摄像头无法使用，很有可能是因为你与Ada的自动代理进行了交流。

建立判断的过程至关重要。Ada的工作过程始于预测客户在发起服务互动时的意图。客户的意图可能是更改密码、更新信用卡信息或升级到更全面的服务。Ada可能只从一个能够确信完成的预测开始：客户想要更改密码。

然后，Ada开发工作流程并做出判断。工作流程是一组操作，用于帮助客户更改密码。如果机器确信客户想要更改密码，Ada就会启动更改密码的自动化工作流程。否则，Ada会将其转交人工处理。

这就是判断发挥作用的地方。在启动自动化流程之前，Ada应该有多大的把握？这要视情况而定。在与免费客户的互动中，有98%的免费客户可以实现自动化，而付费客户的这一数据只有85%，造成这种差别的原因并不仅是免费客户的询问更简单，Ada认为在处理付费客户的问题时犯错的后果更加严重、风险更高，因此允许自动化的门槛更高。

当Ada收集有关来电查询和客户意图的数据时，它会构建更多的自动化工作流程。除了密码重置，它还可以更新信用卡、解决各种技术问题，以及确定哪些查询是销售电话，包括购买付费服务或升级到更高级别服务的电话。

现在判断变得尤为重要。搞砸一次销售电话的后果比搞砸一次密码修复更严重。为了做好这项工作，Ada需要获取数据和决策过程，以确定哪些来电查询应自动化处理。一些决策权从客户服务代表手中转移到了公司管理层和 Ada 的工程师手中。更好地预测客户意图为自动化创造了机会。但是，是否值得利用这个机会取决于人的判断，即权衡自动化的好处与犯错的代价。要做好这一切，需要对数据收集、决策制定和责任分配进行系统变革。

你觉得幸运吗

关于机器是否拥有权力的另一个担忧是，预测机器现在通常负责为我们提供信息，帮助我们理解世界并做出决策，从购物到给谁投票都是如此。如果机器为我们提供信息，那么我们的权力是否正被悄然削弱？正如我们在这里所看到的，我们与预测机器的关系并非单向的。它提供信息并影响我们，但我们也向机器提供信息，用于改变机器的预测结果。换句话说，从经济的角度来看，机器（及其所有者）并没有掌控一切。它们需要我们来维护其质量。因此，尽管你可能感觉没有控制权，但实际上你拥有的权力要比你想象中多。

让我们来思考一下现在最接近超级人工智能的东西：谷歌搜索（一台预测机器）。你向它提出一个问题，甚至只是几个你想知道更多信息的关键词，它就会检索网站，然后给你一个（有时达数万个）列表。谷歌会把你最可能想要的网站排在首位，然后依次排列。以前，这些排序主要是由 PageRank 决定的，这是拉里·佩奇创建的一个评分系统，该系统会假定你需要一个能够链接到其他网站的网站。现在，有了数万亿次搜索和点击的数据基础，谷歌排名就是一种基于深度学习的预测，它不仅会考虑过去其他人做了什么，而且会持续更新，并利用对你的了解提供个性化的排名——只为你定制。你是不是感觉很幸运呢？

事实证明，你也许没那么幸运。因为大多数人不是在谷歌的首页（www.google.com）上进行搜索的，所以人们可能没有注意到首页上的两个按钮（见图 11–1）。当你输入搜索词时，你可以点击“谷歌搜索”（Google Search）按钮，然后看到熟悉的网站排名列表，以及资助整个操作的广告。但在“谷歌搜索”按钮旁边，还有另一个按钮——“我感觉很幸运”（I’m Feeling Lucky）。如果你点击这个按钮，就会进入列表中排名第一的网站。而事实上，我们很少点击这个按钮，因为我们感觉没那么幸运。所以这些预测结果不够好。

图 11–1　谷歌网站首页（2001 年）

资料来源：谷歌和谷歌标识是谷歌有限责任公司的商标，请参见 https://about.google/brand-resource-center/products-and-services/search-guidelines/。

“我感觉很幸运”并不是一个新按钮。它从 1998 年起就出现在了谷歌网站的首页上（见图 11–2），尽管谷歌非常想保持其首页简约的设计风格，但它仍然被保留了下来。“我感觉很幸运”按钮最初是由谷歌的联合创始人谢尔盖 · 布林设计的，他认为这是彰显谷歌搜索性能的一种方式。2007 年，布林表示，只有 1% 的谷歌用户很幸运，因为点击了该按钮的搜索量只有这么多。与此同时，保留该按钮使谷歌损失了 1 亿美元的广告收入。出于品牌推广的考虑，谷歌保留了这个按钮，从而让整个搜索过程保持人性化，否则就是纯粹的人工智能操作了。[4]

图 11-2 谷歌网站首页（1998 年）

资料来源：谷歌和谷歌标识是谷歌有限责任公司的商标，请参见 https://about.google/brand-resource-center/products-and-services/search-guidelines/。

为什么我们不觉得幸运呢？答案很简单——排在首位的搜索结果通常不是我们想要的。我们浏览首页并选择某个网站，进入之后可能意识到它不对，于是我们会返回选择另一个链接。从谷歌的角度来看，它无法做得更好。如果有人在谷歌上搜索“预测机器”（prediction machines）并点击“我感觉很幸运”按钮，他们将进入我们第一本书的网站（predictionmachines.ai）。但如果他们想从亚马逊购买该书呢？在这种情况下，以上操作就不是获取该信息的最有效途径了。如果他们不想要这本书，而是一篇摘要文章呢？谷歌并不知道你可能会做出什么决定。在没有这种信息的情况下，它为你提供最佳的猜测，但留出空间让你自己做判断来完成整个过程。谷歌可能想要成为一个决策机器，但在没有判断力的情况下，它无法成为你的决策机器。因此，它只能在预测方面发挥作用，剩下的操作则留给你自己。当然，这也不错，因为你可能会选择点击广告。

谷歌搜索的例子说明让决策自动化是多么困难。虽然很难，但并非不可能。截至撰写本书时，谷歌的运气还不错。随着语音助手搜索的出现，人们提出的查询问题越来越具体，对于这些问题，谷歌能够给出更明确且更有把握的答案。因此，对于许多更常见或意图更清晰的查询，无论是语音搜索还是其他搜索方式，谷歌都能提供清晰的答案，甚至不需要访问其他网站以获取更多的信息。对于其他情况，即使使用语音搜索，谷歌也会将用户引导到屏幕前让他们做决策。Alexa 或 Siri 等其他语音搜索也是如此。这个过程类似于 Ada 的工作过程。当发生这种情况时，谷歌的机器会观察所做的选择，并使用这些信息更新其预测。人是该系统中至关重要的一部分。

当预测足够准确且判断和行动明确时，就可以实现自动化。否则，就需要人来做决策。这个过程被称为“例外情况下的判断”。正如作家简妮尔·沙恩所评论的那样，当背景和目标非常明确时，人工智能的工作效果更好。[5]解决方案通常是为新情况引入判断，但在十分复杂的情况下，人工智能的建议有时可能存在问题。

由此可见，我们很可能已经形成了适当的判断，并且能够为比较常见的情况描述这种判断。对于这些情况，我们可以将判断编码到自动化过程中并获得不错的结果。而在不常见的情况下，这种编码是不可能的。当我们意识到这些情况时，与其期望机器自动化处理所有情况，不如实施混合解决方案更加合适。其中的关键就是，当一种情况超出了已编码进机器的判断范围时，机器就会知道并将其传达给人类，然后由人类决定该如何处理。

综上所述，人工智能的预测并不完美。为了降低犯错的风险，我们采取了两种策略：在部署人工智能前，我们对突发情况进行研究，并得出机器在面对突发情况时应该做出怎样选择的结论；在部署人工智能后，我们承认并非所有突发情况都会被涵盖在内，因此我们将依靠人类介入并做出决策。随着人工智能预测的改进，我们需要为这两项判断功能分配更多的人力资源。换句话说，例外情况需要包括人机协作的系统设计。

规模化判断的责任

有时通过事先明确判断标准，可以完全让决策过程自动化。当你刷卡时，你启动了一系列算法，它们会决定是否接受或拒绝该交易。在你刷卡前，能够处理何种交易的决策就已经形成了。

没有人工智能可以做出这些判断，这些判断也无法以去中心化的方式切实且合理地完成。相反，判断是在数百万个接受或拒绝决策之前做出的，然后被编码以供大规模使用。机器不会做决策，但可以改变做决策的人，无论是在做决策时拿主意的人，还是在做出特定决策前判断何事重要的人。

这让我们明白为何机器能解雇员工的想法会产生如此大的影响。机器无法解雇（或雇用）员工。相反，是一个人（或一群人）在做出判断选择标准来告诉机器如何使用预测以做出选择，实际上是这个人（或这群人）做出了决策。更普遍的情况是，没有人因机器而失去工作，他们失去工作是因为有人决定给机器人编程。

不知为何，我们进入了一个特别容易责怪机器的时代，而最终这些都是人类的行为，这是一个有趣的问题。具有讽刺意味的是，资本主义的特点之一——正如弗里德里希·哈耶克所强调的——是它允许个体决策者行动，按照我们的说法就是对选择进行个人判断。正如历史学家刘易斯·蒙福德所观察到的："正是由于资本主义的某些特征，机器（一个中立的参与者）在社会中似乎成了恶劣的元素，对人的生命漫不经心，对人的利益漠不关心。机器因资本主义的罪恶而受罚。"[6]的确，"资本主义"一词似乎唤起了机器的力量。但事实上，拥有权力的是将判断编码进机器的人。这些人是负有责任的，法律和监管体系需要认识到这一点。

机器自动化的问题在于它模糊了对决策负有最终责任的人。编码判断意味着一个人的决策可以具有超乎寻常的规模。出于各种原因，我们希望知道这个人是谁。毕竟，如果没有对责任的明确界定，一个人如何对决策负责呢？当我们认为有可能实现从即时判断并做出决策，转变为在做决策前将判断进行编码，同时远离决策地点时，一个新的系统设计就十分具有必要性。我们将在第十三章中详细探讨这个问题。

在反驳了"机器拥有权力"的论点后，我们将转向人工智能的另一个方面，这个方面往往与被机器控制的恐惧并存，那就是反馈。预测机器是学习机器。在某些设置中，它们可以被编程为持续学习和自动更新，这是它们价值的关键部分，它们可以随着环境的变化而发展。但与此同时，当涉及权力时，一台领先的机器就可以保持领先。在这个过程中，与之竞争就变得更加困难。人工智能采用者的累积权力就是我们接下来要考虑的问题。

本章要点

- 机器无法做出决策。然而，人工智能可以让人们误以为机器在做决策。当我们能够将判断进行编码时，机器就会显得像在做决策。人工智能生成预测，然后机器利用编码化的人类判断执行操作（决策）。

- 人工智能的预测是不完美的。为了降低犯错的风险，我们采取两种策略。其一，在部署人工智能前，我们考虑各种突发情况并得出结论，即针对每种突发情况机器应该采取的行动。其二，在部署人工智能后，如果人工智能无法以足够高的置信度进行预测，或其预测的情景是我们尚未编码判断的情况，此时就需要人类的介入（人类参与决策过程）。
- 尽管机器本身没有权力，但它们可以在规模化中创造权力，也可以通过改变在何时何地使用谁的判断等决策来重新分配权力。基于人工智能的系统可以将判断与决策分离，从而在不同的时间和地点提供判断。如果判断从人们对每项决策的单独部署转变为软件中的编码，那么这可能导致市场份额的变化，从而引起规模扩大和权力转移，以及决策者的变更——由过去做出判断的人转变为将判断进行编码的人，或者拥有嵌入判断系统的人。

第十二章

积累权力

既然系统层面的创新这么难，那么为何不让竞争对手去承担所有的痛苦和代价来摸索，然后再抄他们的“作业”呢？这是因为人工智能赋予了先行者优势。人工智能可以学习，而且它部署得越早，就能越早地开始学习。它学得越多，预测的准确性就越高。它越准确，新系统就越有效。高速发展的飞轮一下子就转起来了。因此，风险投资界的一些人会特别积极地投资看似还在起步阶段的人工智能项目。学习来自数据，所以先发优势来自数据中的反馈循环。

BenchSci 是一家医药领域的人工智能公司，其目标是缩短药物研发的时间。它面临的挑战是如何帮助科学家大海捞针：在大量已发表的科学研究成果和制药公司的内部数据库中找到潜藏在其中的特定信息。为了将候选新药推进到临床试验阶段，科学家必须进行实验。BenchSci 意识到，如果科学家能够从先前的大量实验中获得更好的见解，他们就可以减少实验次数，提高实验成功率。

通过使用机器学习对科学研究进行阅读、分类，然后提出见解，BenchSci 发现科学家只需进行通常所需实验次数的一半，就能将一种药物推进到临床试验阶段。通过从已发表的文献中找到合适的工具

（这里指的是生物试剂——影响和测量蛋白质表达的重要工具），而不是从头开始重新发现，生产候选新药的时间可以大大缩短。所有这些都有望每年节省 170 多亿美元。在一个研发回报率已变得非常低的行业，这可能会改变整个市场。此外，将新药更快地推向市场，还可以拯救许多生命。

这里最引人注目的是，BenchSci 所做的就是谷歌在互联网上一直做的事情：搜索。它只是在一个专门的领域做这件事。如果没有机器学习，BenchSci 将无法处理已发表的生物医学研究成果，也无法通过能够为其客户节约实际成本的方式进行解读。就像谷歌可以帮你找到修理洗碗机的方法，而不需要你长途跋涉去图书馆一样，BenchSci 能帮助科学家在不进行一系列实验的情况下确定合适的试剂。在 BenchSci 出现之前，科学家通常会使用谷歌或 PubMed 搜索文献（花费几天），然后阅读文献（再花费几天），在订购和测试 3~6 种试剂后才会选择其中一种（耗时几周）。现在，他们可以在 BenchSci 上搜索（仅需几分钟），然后订购和测试 1~3 种试剂，最后选择其中一种。这意味着更少的测试数量和花费更少的时间。

BenchSci 是否需要担心来自谷歌的竞争？这取决于其能否围绕业务建立一道坚固可守的护城河，而这又取决于人工智能数据的性质。[1]

数据与预测业务

要了解在人工智能时代如何竞争，首先需要考虑如何才能产生更好、成本更低的预测。现实中并不存在哈利·波特的魔杖，用手一挥就能得到人工智能。相反，这需要识别和管理生成预测的要素，以及将这些要素联系起来的数据。

因此，预测业务就是获得更好、成本更低的算法和数据。那这些东西从哪里来呢？首先是算法。要构建预测算法，需要用输入数据（如图像）和输出数据（如描述这些图像内容的文字）对模型进行训练，这就需要训练数据。训练数据做得越好，预测算法的起点表现就会越好。许多企业面临的主要挑战是，它们要么必须自己创建所需的训练数据（如聘请专家对事物进行分类），要么从其他来源采购训练数据（如从健康记录中获取）。

训练数据只是一切的开始。人工智能与其他工具的不同之处在于它能够学习，使用次数越多，效果越好。人工智能从反馈中学习，它收集数据并进行预测，随后人工智能可以观察预测是否实现。如果预测按预期发生，人工智能对其算法就会更有信心；如果预测没有按预期发生，人工智能就会学习如何改进其对未来的预测。

由于底层环境的变化，人工智能模型通常需要使用最新的数据进行重新训练。比如，导航应用需要随着道路变化和人口在某一地点的流动而不断更新，定向广告也需要随着消费习惯的变化而更新。因此，人工智能模型会过时，预测也会随着时间的推移而变得更糟糕。

尽管新的训练数据可以解决这个问题，但在某些情况下，有目的地收集新数据以适应每种新情况，在动态环境中保持预测准确性的最佳方法也许是用我们所说的反馈数据持续更新模型。反馈数据是通过不断衡量预测表现而产生的。为了做到这一点，需要人们独立收集与预测准确性相关的信息，并将该信息与生成这些预测的输入数据相匹配。将这些数据结合起来，就可以得到反馈数据，并用于更新算法。

例如，在手机用你的图像进行安全验证前，你首先要对手机进行面部识别训练，之后，即使你的面部发生变化，你也不需要再对其进行训练。你可能戴上了眼镜，头发变长，或者化了妆。在这些情况下，你是手机主人的这个预测就会变得不太可靠。因此，你的手机会使用你每次解锁时提供的图像来更新算法。这一切都可以在手机上完成，因为所有的训练数据都与你有关。在其他情况下，训练数据需要从多个用户那里更新输入数据和预测结果。隐私问题可能会变得日趋严重，并且在协调来自多方面的信息时，也许会遇到挑战。

总之，要与预测竞争，你需要从好的算法和输入数据入手。但在许多情况下，你还需要获取反馈数据。显而易见的是，你的数据策略将决定你能否持续性地参与竞争。在某些情况下，可能存在明显的先发优势，因为高质量的预测会吸引更多的用户，同时又会产生更多的反馈数据，从而改进你的预测并吸引更多的用户。那些没有收集反馈数据并将其纳入设计中的竞争对手可能无法迎头赶上。反馈循环可以创造先发优势。

最小可行性预测

这些先发优势取决于进入市场所需的预测准确度。在工业经济中，工厂通常以最小规模建造，这样才能具备足够的成本竞争力，从而进入市场。这是因为在制造业中，平均单位成本通常随着工厂规模的扩大而降低，直到达到某个临界点。这个临界点被称为“最小有效规模”。

许多人工智能也面临着最小有效规模的问题。然而，这种规模不是基于工厂产能，而是基于训练数据，并且阈值的度量标准也不是单位成本，而是预测准确度。人工智能市场的成功取决于其预测准确度。为了使其有效，预测必须足够准确以满足商业需求。阈值预测准确度可能由法规（如基于人工智能进行诊断的医疗决策所需的最低预测准确度）、可用性（如电子邮件自动回复服务所需的最低预测准确度，以保证电脑屏幕有限资源的成本）或竞争（如进入现有市场所需的最低预测准确度，在搜索引擎市场则是与谷歌和必应竞争）来设定。

编写准确的人工智能程序并不需要对实物资产进行巨额投资，软件并不是资本密集型行业，其主要的障碍是数据。人工智能需要足够的数据来变得准确。收集数据以达到最小有效规模需要花费时间和精力。首先推出的优势取决于投入多少精力才能获得商业上可行的预测。

有时候并不需要太多的努力。在互联网搜索的早期，我们对错误的容忍度很高。搜索引擎提供多个链接，用户浏览这些链接并从中选择最适合的。搜索引擎显示一个不相关链接所造成的损害很小。在商业互联网的早期，这导致许多不同的搜索引擎出现，每个搜索引擎都有自己的方法来确定最佳的搜索结果，竞争非常激烈。

相比之下，在自动驾驶车辆中，我们对错误的容忍度很低。只有当人工智能比人类更可靠时，我们才能把人类的生命托付给它。第一家构建这种人工智能的公司将面临很少的初期竞争，因为构建这样一种人工智能所需的数据规模很大。这有一定的紧迫性，因为一旦人工智能达到最小有效规模，它就可以开始产生预测回报。

然而，如果市场增长迅速，这种达到最小有效规模的先发优势将是短暂的。其他公司只需获取足够的数据来建立超过最低阈值的预测，就能进入市场。最小有效规模并不足以让先行者产生持续优势。原因在于，在技术上，数据的规模回报是递减的。第 10 次观察能比第 100 次观察获得更多信息，甚至第 100 次观察能比第 100 万次观察获得更多信息。随着观察次数的增加，每次新观察对预测质量的影响会越来越小。

要让数据产生长期优势，先行者需要利用更重要的经济力量来支持它们：反馈数据。通过在实际操作中收集反馈数据，它们可以直接改进预测，使其他公司难以赶上。优势并不在于它们推出预测时其他公司无法这样做，而在于推出预测后它们可以收集反馈数据。

推出预测还促进了对计算机硬件和人才的投资，从而可以充分利用数据。早期参与者之间的竞争加速了这种投资，提高了质量，使其他公司难以与之竞争。在许多技术密集型行业都存在早期市场领头人能够主宰一个行业的现象。随着成熟企业改进其产品，与成熟企业竞争所需的学习和研发投资变得令人望而却步。例如，过去有许多商用飞机制造商。而如今，要想创办一家可以在性能、安全性和成本效益方面与波音和空客竞争的飞机制造商，可能需要花费数百亿甚至数千亿美元。

伦敦政治经济学院的教授约翰·萨顿在他的《技术与市场结构：理论和历史》一书中提到了许多这样的例子，如制药、半导体，以及液相色谱法。技术的不断改进意味着最小有效规模随时间的推移而扩大。这种扩大（萨顿称之为“内生性沉没成本”）可能形成长期的市场力量，从而使先行者获得巨大的回报。

在线广告和搜索领域就出现了这种情况。与黄页或报纸相比，谷歌可以非常精准地预测谁在何时想要什么，这样就可以投放定向广告。通过将广告与购买行为联系起来，谷歌可以从反馈循环中获益，使系统了解每个预测是否准确，并为下一次预测更新模型，这就让任何新的参与者都难以迎头赶上。尽管在 20 世纪 90 年代推出搜索引擎的最小有效规模相对较低，但谷歌不断改进对硬件、人才和数据的投资，导致新的搜索引擎难以进入今天的市场。

快速反馈循环

如果你能尽早将你的人工智能推向市场，那么人工智能就可以从客户那里收集数据。这些数据将使预测变得更准确，产生积极的反馈循环，并对其他竞争对手造成进入壁垒。如果反馈循环足够快速，早期的领先优势就会加速形成，并且这些数据将持续产生更好的预测。

这样，预测机器增加了传统意义上的人类优势——它们可以从结果中学习。人工智能从学习中获得优势的程度与反馈延迟有关。在预测人寿保险的死亡率时，反馈可能会延迟几十年。在这种情况下，由于反馈循环很慢，公司在预测死亡率方面的早期领先能力将受到限制，无法维持其领先优势。但是，如果在生成预测后能够快速生成反馈数据，那么早期的领先优势将随着时间的推移转化为更大的领先优势，从而实现持续的竞争优势。

当微软在2009年推出必应搜索引擎时，必应得到了公司的全力支持。微软对其进行了数十亿美元的投资。然而，十多年后，必应的市场份额在搜索量和搜索广告收入方面仍远低于谷歌。必应难以赶上的一个原因是反馈循环。[2] 在搜索中，预测（根据查询显示具有多个建议链接的页面）和反馈（用户点击其中一个链接）之间的时间很短，通常只有几秒钟。在这种情况下，反馈循环非常强大。谷歌多年来一直在运营基于人工智能的搜索引擎，拥有数百万用户和每天数十亿次的搜索。谷歌收集了更多的数据并能快速了解用户偏好，新内容不断上传到互联网，因此搜索领域不断扩大。每当用户进行查询时，谷歌提供其对前10个链接的预测，然后用户从中选择最佳链接。这使谷歌能够更新其预测模型，根据不断扩大的搜索领域进行持续学习。由于有更多用户所提供的训练数据，谷歌能够比必应更快地识别新事件和新趋势。最终，快速的反馈循环，叠加对补充性资产（如大规模数据处理设施）的持续投资，使谷歌保持了领先地位，而必应从未赶超。这也意味着任何其他试图与谷歌和必应竞争的搜索引擎甚至无从下手。像DuckDuckGo这样的搜索引擎，为了隐私而放弃了个性化服务，专门为重要的小众市场服务。

快速反馈循环会造成竞争，因为如果你的竞争对手已经从这样的循环中受益，它们的预测会迅速改进。快速反馈循环放大了萨顿所说的内生性沉没成本，如果你落后得太多，可能就无法赶上。想象一下第一个能够安全驾驶汽车穿越纽约市的人工智能。一旦该人工智能获得监管批准，它就将继续收集数据并变得越来越好。当第二个人工智能获得批准时，它不会拥有相同数量和质量的数据，因此不太可能表现得那么好。由于没有真正的成本优势，并且预测质量也不高，次优的人工智能的消费者价值会较低。

因此，快速反馈循环会导致竞争加剧。先行者可能有很大的优势，所以公司会积极投资，以便快人一步。从这个角度来看，对那些似乎还不够成熟的人工智能进行大规模投资更具意义。例如，通用汽车以约 10 亿美元的价格收购了自动驾驶创业公司 Cruise，尽管该公司似乎只有一个原型设备和几十名员工。[3] 为何通用汽车要付出如此高的代价？一旦开始运行，在存在快速反馈循环和内生性沉没成本的情况下，对于任何后来者，追赶都会无比困难。

差异化的预测

竞争的产品通常是有差异的，它们往往吸引不同的客户群体。例如，可口可乐和百事可乐销售不同口味和品牌形象的竞争性可乐，宝马和奔驰销售不同风格和功能的竞争性豪华汽车。这些品牌形象和特色吸引不同的人群。在这种情况下，很难定义哪一个“更好”，可口可乐并不比百事可乐更好，它们只是略有不同。当产品有差异时，就给竞争者留出了空间，而不是一家独大。自可口可乐和百事可乐在一个多世纪前上市以来，许多成功的新型软饮料（如红牛和诚实茶）找到了独特的小众市场并蓬勃发展。

与之类似，人工智能将吸引不同的群体。想象有一家希望用聊天机器人替代其呼叫中心的公司。一旦聊天机器人足够好用，就会有很多方法来定义“更好”的聊天机器人。不同的公司会有不同的需求：第一家公司可能希望聊天机器人高效、快速地回答客户的问题；第二家公司可能更关注销量，将收到的查询转化为新的收入；第三家公司可能希望聊天机器人具有安抚作用，使人们放松并缓解愤怒等情绪。或许正是因为有了这些不同的方法来定义“更好”，才有了包括小企业在内的许多聊天机器人公司，它们找到了独特且能盈利的小众市场。

与此相关的一个例子是黑色素瘤检测。[4] 在欧洲构建的人工智能过度依赖来自肤色较浅的人的数据，而在亚洲构建的人工智能则使用亚洲患者的数据库，这些人工智能是有差异的。对于白种人来说，欧洲的人工智能更好；而对于亚洲人来说，亚洲的人工智能更好。尽管“更好”通常意味着“更准确”，但这些人工智能之所以不同，是因为在一个环境中准确，而在另一个环境中就不一定准确了。

与软饮料、聊天机器人和黑色素瘤检测不同，许多人工智能仅能通过预测质量来区分。所谓“更好”的预测意味着可以进行衡量。当质量定义明确时，就像在其他行业一样，最高质量的产品往往受益于更高的需求。在大多数行业中，更高的质量意味着更高的成本，卖家往往通过降低价格来销售质量较差的商品。但对人工智能而言，这将变得困难。人工智能以软件为基础，这意味着，一旦模型建立起来，产生一个高质量预测的成本与产生一个低质量预测的成本是相同的。如果更好的预测成本与更差的预测成本相同，就没有理由购买低质量的预测。

正如我们之前提到的，谷歌拥有更多的数据，并从快速反馈循环中受益。但这并不足以创造优势。用户很清楚，什么是更好的搜索。谷歌和必应在常见搜索中提供类似的结果。在谷歌或必应中输入“天气”这个词，结果很可能是类似的。必应失败的地方在于不常见的搜索。输入关键词“颠覆”，（截至撰写本书时）必应的第一页只提供了字典定义，而谷歌提供了定义以及有关颠覆性创新研究的链接。尽管必应在某些方面赶上了谷歌，但在很多方面还没有，而且必应没有在任何一个领域表现得更加卓越。在搜索中，“更好”的意思是找到用户更有可能点击和停留的链接。这对所有用户都是如此，尽管对每个人来说，最佳链接可能是不同的。在明确定义了预测和有了快速反馈循环的基础上，必应无法在差异性方面取得足够的突破以获得大量市场份额。

反馈系统

反馈循环是有意构建的。能够预测反馈价值的人工智能可确保收集到结果数据。在第六章中，我们讨论了一个人工智能系统解决方案，用于预测个人在特定日子的最佳学习内容。这将实现教育个性化，使学生能够按照适合自己的节奏学习，并使每个人都学到更多知识。我们讨论了在师资配置和社会发展方面的系统层面挑战。反馈循环表明需要进一步进行系统层面的改变。人工智能需要学生的表现是否得到改善的数据，人工智能越早获得这些数据，效果越好。挑战在于如何设计学术课程，以确保学生深刻理解和记住概念，同时保持足够快的反馈循环以改进人工智能。这将需要破除影响获取学生数据的监管壁垒，并在保护学生隐私方面保持技术进步。与个性化教育的人工智能系统解决方案的其他部分一样，其反馈部分还没有准备好。

虽然点解决方案的人工智能可以生成预测，但作为一个行业的人工智能先行者，其力量是反馈的结果。人工智能必须能够获取结果数据以进行学习。比如，自动驾驶的人工智能需要获取事故数据，每个自动驾驶系统都会确保获得这种反馈。幸运的是，事故是罕见的。为了保持良好运行，自动驾驶系统需要获得险些发生的事故数据。这样的数据越多，它就能学得越快。这需要一个能识别险些发生事故的系统，然后建立一个学习过程，以避免将来发生这样的事故。但只避免事故是不够的，乘客的舒适度也很重要，因此，为早期参与者带来优势的人工智能系统解决方案也将从衡量舒适度的方式中受益。人工智能可能需要从多个结果指标中学习并衡量这些指标。

胜者为王

预测机器的潜力是巨大的。反馈循环意味着早期进入者具有真正的优势。早期进入意味着获取更多的数据，更多的数据意味着更好的预测，更好的预测意味着更多的客户，反过来又带来了更多的数据。反馈循环创造了一场大规模部署人工智能的竞赛。

但要记住，预测就像精确设计的产品，需要高度适用于特定的目标和环境。公司通过区分不同的环境和目标，即使只是一点点区别，也可以创造一个有竞争力的空间。系统中收集与使用数据的细节里存在着魔鬼，也可能是天使。

本章要点

- 尽管利用人工智能进行系统层面的创新面临挑战，但有充分的理由尽早启动它：因为人工智能会学习，所以它为先行者提供了优势。越早部署，它就能越早开始学习；它学习越多，预测就会越准确；它变得越好，新系统就会越有效。

- 人工智能是软件。一旦构建了人工智能模型，再产生预测的边际成本就接近于零。如果一个人工智能在市场发展初期比其他人工智能略胜一筹，那么就会有更多的用户转向使用该人工智能的系统。有了更多的用户，人工智能就会从更多的反馈数据中受益；有了更多的反馈数据，人工智能就会产生更好的预测结果，更好的预测就会吸引更多的用户，以此循环往复。一旦飞轮开始旋转，起初只有少许优势的人工智能就能随着时间的推移形成巨大的优势。先行者能获得的巨大优势会导致竞争。公司会积极地投资，因为成为先行者的奖励是如此丰厚。
- 反馈循环对系统设计具有重要影响。为了让人工智能学习，它必须能够获得结果数据。例如，一个人工智能教育系统若要使用预测为学生展示接下来最好学习什么，它就必须尽可能频繁地收集反馈，以确定学生是否掌握了学习内容并评估他们的参与程度。因此，不能仅将“下一步的最佳内容”预测（点解决方案）应用于现有教育系统中，而需要对教育系统进行重新设计，以创建和收集以分钟而不是期中考试为单位的高频反馈数据。

第五部分

人工智能如何颠覆

第十三章

伟大的“脱钩”

问：“你的人工智能将为你的客户做什么？”

答：“它将为他们提供洞见。”

如果每次初创公司的创始人在创新颠覆实验室的导师面前给出这个答案，我们都能获得 1 美元的话，那我们就发财了。

对我们来说，“洞见”是一个触发词，因为它代表了一种错误的思考方式，即关于如何使用人工智能创造价值的错误方式。对于一个新的人工智能预测，“洞见”代表着“我们不知道拿这个预测做什么”。

正确的回答应该是描述该预测将如何改进决策。只有当人工智能可以带来更好的决策时，它才具有价值。这意味着从人工智能中创造价值的新机会都与它们如何改善决策有关。

好消息是决策无处不在。决策为人工智能赋予“通用”意义，使其成为通用技术。而且，对良好决策能力的需求正变得越来越大。据估计，1960 年，只有 5% 的工作需要决策能力；而到 2015 年，这一数字已超过 30%。这些工作的薪酬更高，且在教育、技能和经验方面有更严格的招聘要求。[1]

人工智能预测有潜力去提升决策能力的价值，能将“洞见”转化为更好的决策。然而，正如我们将在本章中所证明的那样，关键不在于是否去做，而在于谁将抓住新的决策机会。

决策的关键在于判断

“如果你头痛欲裂，我会给你一瓶药，其中有 9 颗可以治好你，而 1 颗会让你丧命，那么你会服用这瓶药吗？”[2]

芝加哥公牛队的老板杰里·莱因斯多夫向篮球传奇人物迈克尔·乔丹提出了这个假设性问题。我们大多数人会回答“不”。真实的决策是，乔丹是否应该在脚伤康复期间重新上场比赛。那是他在 NBA（美国职业篮球联赛）的第二个赛季，乔丹想要回到球场上。但医生告诉他，如果他上场比赛，就有 10% 的概率再次受伤，从而危及其职业生涯。[3]乔丹则认为，有 90% 的概率表明一切都会好起来，这已经很不错了。因此，与头痛药相关的问题出现了。

关于是否服药，乔丹对莱因斯多夫的回答是：“这取决于头痛有多严重。”[4]

通过这个回答可以看出，乔丹认为重要的不仅是概率，即预测准确度，回报也很重要。在这个例子中，回报是指个人对头痛程度的评估（相对于治愈或死亡来说）。这些回报就是我们所说的判断。

为了使预测和判断之间的区别具象化，就像迈克尔·乔丹所做的那样，我们在图 13–1 中展示了关于服药的决策树。在树的根部有两个分支，在其中一个分支中，乔丹服用药片；在另一个分支中，他不服用药片。如果他选择服药，那么两个分支分别代表两种不确定的结果——头痛治愈或者被药物毒死。在这两个分支的末端是两种结果——感觉良好或者死亡。如果他选择不服药，那么就没有了不确定性。他会头痛，但也没有死亡风险。因此，不服药的分支末端就是故事的结局——乔丹肯定会头痛。

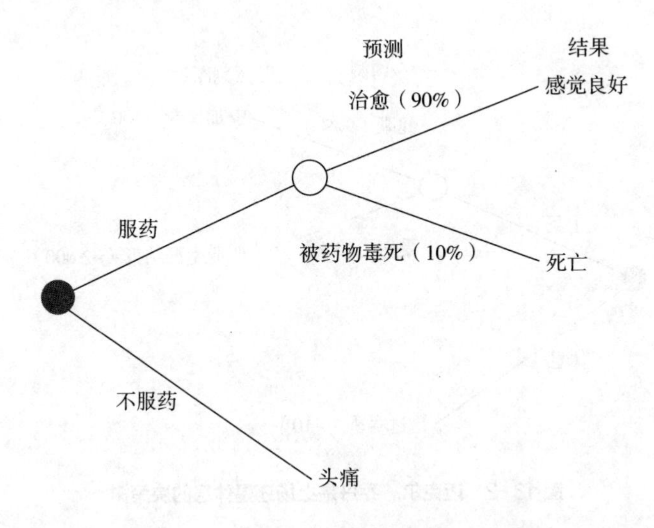

图 13–1　迈克尔·乔丹是否服药的决策树

对结果进行排序很容易。感觉良好要好于头痛，而头痛要好于死亡。但 10% 的死亡概率足以排除感觉良好的可能性吗？仅仅描述结果是不够的，正如乔丹所说，还需要衡量头痛的程度以判断缓解头痛后能获得什么。这种决定事情有多重要的能力就是判断力。

当然，设计这个假设性问题旨在使决策更加明确，因为很难想象有一种头痛会让你有 10% 的概率死亡。所以，让我们思考一下乔丹和莱因斯多夫的真实决策（见图 13–2）。我们在特定结果上添加了数字，以反映它们的强度，也就是说，我们加入了判断的表示方式。除了标签，决策树看起来与图 13–1 相同。但是通过添加判断所带来的数字，我们现在有足够的信息来做出决策。休息对乔丹来说肯定是 –10 分，而上场则有 90% 的概率获得 100 分和 10% 的得到 –2 000 分。因此，乔丹上场后将获得的回报是 0.9 × 100 + 0.1 ×（–2 000）= –110（分）。

由此可见，乔丹不应该上场，因为 –10 分比 –110 分好。

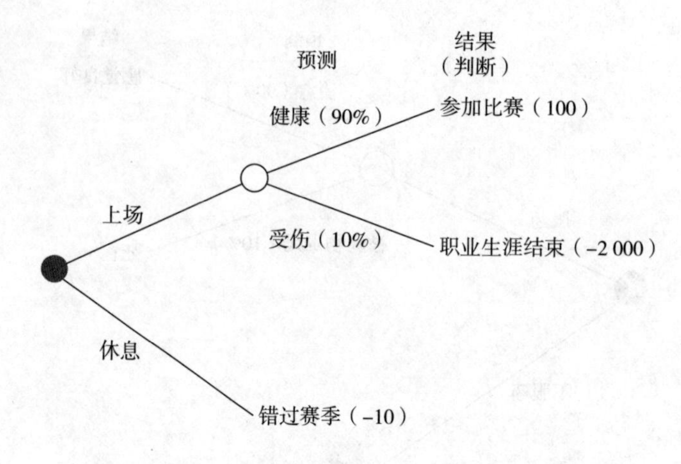

图 13–2　迈克尔 · 乔丹是上场还是休息的决策树

但是，乔丹和莱因斯多夫对判断进行了争论。乔丹认为他应该被允许参加比赛，并坚称这是值得的。他认为，参加比赛对他和球队来说是 200 分，而职业生涯结束的代价是 –1 000 分。如果这是正确的判断，那么参加比赛的回报将变为 0.9 × 200 + 0.1 ×（–1 000）= 80（分）。他们的分歧不在于预测，因为预测来自医学专家。他们的分歧在于判断。

最终，乔丹"服了药"并回到了赛场，但莱因斯多夫严格限制了他的上场时间。芝加哥公牛队最终进入了当年的季后赛，但他们在乔丹缺席的赛季输掉了很多比赛。他们以 30 胜 52 负的战绩成为 NBA 历史上晋级季后赛的战队中战绩第二差的队伍。他们的对手是拉里 · 伯德所在的波士顿凯尔特人队，后者最终赢得了当年的 NBA 总冠军。然而，在东部首轮赛的第二场比赛中，乔丹独得 63 分，截至撰写本书时，这仍然是 NBA 季后赛单场最高得分纪录。

人工智能预测迫使人们做出明确的判断

乔丹和莱因斯多夫之间出现分歧，是因为他们已经从医学专家那里得到了诊断结果，实际上是一种预测，而他们都没有资格质疑。但是考虑一下，有多少决策是在没有明确预测的情况下做出的呢？那么会发生什么呢？当消防员必须在紧急情况下选择救援两人中的一个时，他们不仅要考虑能够成功救出一个人而不是另一个人的相对可能性，还要考虑这两人的身份——比如老年人和儿童。消防员会做出决策，但是他们对不同结果的权重分配很可能是隐性的而不是显性的。我们对他们决策有效性的评估取决于多种因素的组合。

然而，人工智能预测可能会将决策中的这一部分从决策者手中抽离出来。人工智能预测将导致预测和判断“脱钩”（见图 13–3）。

预测和判断的“脱钩”并不是一个仅适用于课堂，而不适用于现实世界的假设概念。麦肯锡最近有一篇关于保险业未来的文章便是基于这种预测和判断的“脱钩”而撰写的。[5] 该文章勾勒出了 2030 年汽车保险的愿景：顾客上车后，他们的个人数字助手会规划可能的路线，助手背后的人工智能会预测事故发生的可能性，而顾客则根据自己的判断做出决策。

具体情况可能会像这样：你为去温哥华出差租了一辆车，你住在市中心布拉德街上的萨顿酒店，要去不列颠哥伦比亚大学开会。你可以选择沿着水边行驶的观光路线，也可以选择沿着西四街行驶的沉闷路线。观光路线会经过基斯兰奴海滩、杰里科公园和西班牙海滩，景色非常美丽。走观光路线会稍微慢一些，但影响不大，无论选哪条路线，你都能准时到达。

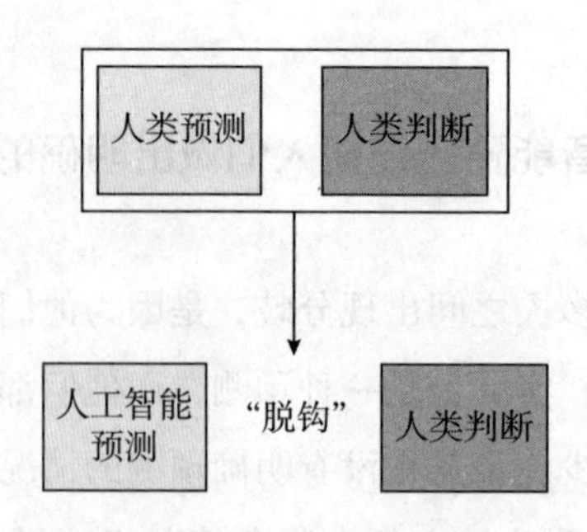

图 13-3　人工智能预测导致预测和判断“脱钩”

真正的问题是，在观光路线上，很多人都在欣赏风景，这会分散你的注意力。因此，在观光路线上发生轻微交通事故的概率较高。假设你租的车配备了人工智能系统，它将准确地告诉你在观光路线上发生事故的可能性会有多大，然后，你需要运用判断力来评估是否值得冒着风险欣赏风景。为此，你可以绘制决策树，并为不同结果添加回报，就像迈克尔·乔丹在前文例子中所做的那样，你通过计算预期回报来决定是否选择观光路线。

但谁会这样做呢？没有人。这太复杂了。从最糟糕的字面意思来讲，这就是学术研究。理论上很惊艳，但在实践中却毫无用处。

但情况也可以不是这样的，你可以将这个决策转化为你熟悉且经常做的决策。在人工智能助手预测概率后，它会告诉你一个价格。它会说如果你选择观光路线，你的保险费将增加 1 美元。

这看起来不过是一件小事。司机可以根据价格来选择路线，而价格又是根据事故发生的可能性和维修费用来确定的，这一点对顾客是隐藏的。人工智能计算事故的概率并分配成本，而顾客只看到了一个价格。

机器进行预测，顾客进行判断。顾客只需判断这个价格是否值得购买即可——小事一桩。

这种情况已经出现在我们生活中了。许多公司根据每分钟的驾驶决策给保险定价，它们为那些在手机上安装了远程信息处理应用程序的人提供折扣，并假设这些顾客有良好的驾驶行为。例如，特斯拉无须依赖手机数据，它可以使用车辆自身的数据，根据急刹车、不安全的跟车距离等因素计算出安全得分。[6]通过基于驾驶行为的保险定价，顾客可以享受较低的保费，我们的道路也会更安全。[7]

预测与判断“脱钩”了，保险公司根据有风险的行为定价，顾客判断这种行为是否值得购买。

保险的例子表明，判断可以与预测“脱钩”，而我们人类习惯于做出判断，这正是经济学家所谓“显示性偏好”的实质。我们可以通过决策来了解人们的偏好，市场营销人员几十年来一直在利用这一点。

1971 年，保罗·格林和维塔拉·拉奥发表的论文《用于量化判断性数据的联合测量法》描述了一种用于评估消费者需求的全新工具。该论文开头指出：“长期以来，管理人员或消费者判断的量化一直是营销研究人员面临的问题。”[8]他们强调，“研究消费者决策需要确定买家在做决策时如何权衡相互冲突的标准”。该方法要求消费者对不同的选择进行排序，这些选择是假设性的，但足够简单，因为消费者非常熟悉它们。

格林和拉奥以折扣卡为例。第一张卡在 10 家店铺提供 5% 的折扣，售价为 14 美元；第二张卡在 5 家店铺提供 10% 的折扣，售价为 7 美元；第三张卡在 10 家店铺提供 15% 的折扣，售价为 21 美元。通过让消费者对其偏好进行排序，统计学家可以确定消费者心目中每张卡的价值。选择即判断。

随着时间的推移，这种方法得到了进一步发展。它被用于评估意大利香肠或夏威夷比萨、福特卡车或丰田汽车的价值，甚至被用于了解美国大学的中国博士生是留在美国还是回到中国的偏好。通过询问学生是更喜欢在波士顿私营部门的研究科学家职位（薪资为 70 000 美元）还是在北京公共部门的管理职位（薪资为 50 000 美元），研究人员了解了学生对生活在美国还是中国相对价值的判断。[9]

这种显示性偏好框架在经济学中也有相应的研究领域。其最初是从丹尼尔·麦克法登在 20 世纪 70 年代初的诺贝尔经济学奖获奖研究开始的，该研究是使用食品杂货店扫描仪数据和在线点击流测量需求等现代工具的基础。

15 年前，该领域的著名经济学家可能是帕特·巴贾里，巴贾里现在是亚马逊的核心人工智能副总裁兼首席经济学家。在加入亚马逊之前，巴贾里曾是哈佛大学、斯坦福大学、杜克大学、密歇根大学和明尼苏达大学的教授。他是世界计量经济学学会的院士，写过一些标题晦涩难懂的论文，如《针对各种消费者与无人留意的产品特征所做的需求估计：一种享乐主义的方式》和《随机系数分布的简单估算器》（但并不简单）。巴贾里是他那一代极为出色的计量经济学家之一，他的论文充满了抽象的符号和方程式，我们没有预料到他会将亚马逊发展成世界上最大的经济学博士雇主之一。

然而，他确实做到了。这在很大程度上与他作为导师和领导者的技能有关，[10] 也与他的论文直接相关。需求估计对亚马逊的业务至关重要，亚马逊需要了解消费者看重什么以及他们愿意付多少钱。如果亚马逊知道消费者对产品的价值判断，就可以在适当的时间以适当的价格为他们提供合适的产品。在营销研究和计量经济学中都有估算消费者判断的工具。在巴贾里的领导下，亚马逊经济学团队找到了如何大规模确定这种判断的方法。

一旦我们认识到可以通过决策来理解判断，就能发现人类一直在做出判断。我们擅长判断，只有当判断与预测“脱钩”时，判断才会变得陌生。

判断的机会

预测和判断的“脱钩”创造了机会。这意味着，决策的制定者不是谁能最好地同时进行预测和判断，而是谁能最好地利用人工智能预测来做出判断。

一旦人工智能做出了预测，那么拥有最佳判断能力的人就能脱颖而出。正如我们所指出的，不管是在概念上，还是在越来越多的实践中，人工智能都能够比许多放射科医生更精确地进行预测。虽然这取决于具体的预测内容，但实际上，人工智能可以不通过观察放射科医生的预测来进行训练，而是通过将图像与观察到的可靠结果相匹配，比如在病理学上是否发现了一个恶性肿瘤。因此，人工智能预测可能比人类预测更精准。科技先驱和知名人工智能投资人维诺德·科斯拉认为，未来放射科医生如果不依赖人工智能预测，就可能造成医疗事故。

这就涉及一个问题——人工智能预测对放射科医生的判断价值有何影响？考虑到放射科医生（至少在美国）的工作方式，他们并不知道患者的其他信息。因此，如果人工智能预测某个患者患有恶性肿瘤的概率为30%，那么在什么情况下医疗系统能够相信一个放射科医生的判断，即患者应该接受肿瘤相关诊断和治疗？但与此同时，另一个医生则认为患者不应该接受诊断和治疗。实际上，这很难想象。人们推测，医疗专业人员委员会会在机器预测前进行讨论和争辩，制定诊断规则，随后该委员会的判断被大规模地应用。放射科医生的决策被拆分为机器预测和委员会的判断两部分。

一旦人工智能提供了预测结果，新的系统就会出现，以利用更好、更快、更便宜的预测和更恰当的判断。在《AI极简经济学》一书中，我们讨论了亚马逊有机会改变其商业模式，从而在用户下订单之前就将商品送到用户的家门口。这种商业模式现在已经存在了，Stitch Fix 在服装方面就是这样做的。[11] 正如其首席执行官卡特里娜·莱克所说："我们通过将数据和机器学习与专家人士的判断相结合，进行独特而个性化的选择。"事实上，它并没有止步于此。在时尚行业中，库存的成本很高。数据科学团队开发了一种算法，将库存中货物的再购买决策与预期需求变化的预测结合起来。

在第十一章中，我们阐明了机器之所以没有权力，是因为做出决策所需的判断始终来自人类，即使机器最终可能实施决策。在接下来的章节中，我们将讨论与预测"脱钩"后的判断技能。了解这些技能后，就可以解释预测和判断的"脱钩"是如何改变做决策的合适人选的。"脱钩"为人工智能的采用创造了新的机会，其核心就是加强与判断有关的技能。

本章要点

- 预测和判断是决策的两个重要组成部分。在决策树中，预测生成了树上每个分支情况发生的概率。判断生成与每个分支末端结果相关联的回报。通常情况下，我们在做决策时并没有意识到预测和判断是两个独立的输入，因为它们都存在于同一个人（决策者）的思想中。当引入人工智能时，我们将预测从人转移到机器，从而将预测与判断"脱钩"。这可能会改变做出判断的主体。
- 我们时常做出决策，却从不考虑预测或判断，我们只是做决定。尽管我们在每次做决策时并没有明确思考预测和判断，但可以在做出决策后通过分析技术来推断判断（我们称之为“显示性偏好”）。经济学家和市场营销人员长期以来一直使用统计工具来衡量基于选择的判断。

- 决策是系统的主要构建模块。在引入人工智能之前，从系统设计的角度来看，预测和判断之间的区别是无关紧要的，因为这两个功能都发生在一个人的思想中。然而，人工智能改变了这一切。当我们将预测从人转移到人工智能时，我们可以重新思考系统设计。如果人工智能更快、更便宜，我们是否可以更频繁地进行预测？我们是否可以在不太重要的决策中使用它？我们是否可以对判断进行编码，从而让决策自动化和规模化？在之前的系统中，判断被限制在生成预测的同一个思想中，现在对于有卓越判断力的人，我们是否可以将做判断的职责分配给他们？新系统设计的机会非常大，因为人工智能在最基本的层面上创造了新的机会：决策组合。

第十四章

从概率的角度思考

2018年，一辆优步自动驾驶汽车在亚利桑那州坦佩市撞死了一名行人。这是自动驾驶汽车发生的第一起致命事故。据报道，这辆汽车看到了行人但没有刹车。新闻报道援引了普林斯顿大学一位教授的话，“这应该是对所有正在测试自动驾驶车辆公司的警告，让它们检查自己的系统，确保在必要时能够自动刹车”。[1]然而，在事故发生当天，坦佩市警察局局长给出了不同的解释：“很明显，根据行人走来的方式，她很难避免这次事故。”[2]

优步真的会编程它的车辆去撞人吗？当然不会。但要说车辆没有看到行人，这也是不对的。相反，在碰撞前6秒，车辆预测到了一个未知物体的出现，但当车辆预测到这个未知物体很可能是一个人时，紧急制动已经来不及起作用了。[3]

换句话说，这两种解释都是错误的，因为它们是确定性的。车辆确实识别出了一个物体，并且有很小概率认为这个物体可能是一个人。如果车辆在更早时预测到这个物体很可能是一个人，它就会启动刹车，事故就可以避免。审查事故报告表明，车辆以极低的概率探测到了人，虽然概率非常低，但不是零。此外，车辆被编程为只要某物体被认为可能是人的概率不是太高，就可以继续前行。这个概率可能是 0.01%、0.000 1%或者 0.000 000 001%，但绝不是零，因为机器不是这样工作的。

这是一个可怕的结果。一辆自动驾驶车辆看到行人的概率不够高，无法及时刹车，要意识到这是一个错误的决策需要付出更多努力。事故发生后，优步暂停了其自动驾驶车辆项目。当它在 2018 年 12 月恢复自动驾驶时，该项目发生了变化。车辆速度被限制在不超过 25 英里 / 小时，并且始终配备两名安全驾驶员。另外还进行了许多其他改变，包括由第三方监测驾驶员及不同的自动刹车程序。基于阈值的决策已经不够用了。

赌徒思维

区分糟糕的决策和结果是很重要的。有时好的决策会导致糟糕的结果。这是职业扑克选手安妮·杜克在她的《对赌：信息不足时如何做出高明决策》一书中的观点之一。截至撰写本书时，杜克是唯一一位赢得 NBC（美国全国广播公司）全国扑克单挑锦标赛的女性选手。扑克是一种既需要运气又需要技巧的游戏，你可能打出完美的牌但最后却输了，也可能在一手糟糕的牌上下了大的赌注却幸运地赢了。

当事情变糟糕时，杜克认为关键是要进行反思，是决策糟糕还是运气不好。如果只是运气不好，那就把它归类为糟糕的结果，然后继续前进；如果是糟糕的决策，那就吸取经验教训，并在下次做得更好。

太多的业余扑克玩家一旦得到糟糕的结果，就会改变他们的策略。同样，太多人下的赌注既大又不合理，但却赢了，然后他们根据过去的结果做出下一步决策。杜克把这种习惯称为“结果导向”，久而久之这些玩家就变得越来越差。如果无法辨别一个结果是不是运气造成的，不确定性就会让他们很难去吸取经验教训。

迈克尔·乔丹确实在1985—1986年赛季末期上场比赛，而且没有受伤，他得到了一个好结果。无论足以结束他职业生涯的伤痛和缺席赛季的概率与相关回报如何，这都是最好的结果。在那个赛季后，他赢得了6个总冠军和5个最有价值球员奖，并成为历史上收入最高（达26亿美元）的运动员。这些结果使人认为乔丹参加比赛似乎是正确的决策，也许他应该更早地回到赛场上。然而，乔丹上场后没有受伤，这并不意味着他做出了正确的决策。

赌徒思维要求你认识到预测是不确定的，并理解部分结果取决于运气，但这并不容易。对于汽车来说，在自动驾驶汽车出现之前，预测和判断都掌握在司机手中。如果人类司机撞到了行人，我们不会知道他们是犯了预测错误（他们认为撞到人的可能性几乎为零，所以没有踩刹车）还是判断错误（他们着急赶时间，因而想着如何快速到达目的地，低估了路上出现车祸的概率）。如果他们发生了事故，我们假设他们的判断是正确的，但他们在做出关于撞车的预测时犯了机械错误。目前，整个社会似乎能够容忍这种问题。

当你设计一辆自动驾驶汽车时，你可以测量预测误差，但你必须对判断进行量化，这就需要做一些不愉快的事情，比如计算生命的成本，并将其与车上乘客的体验进行比较（过于谨慎导致频繁停车是令人不愉快的）。人们一直在暗中权衡这一点，但如果要求他们大大方方地做，他们又会拒绝。同样，让一个工程团队（也许是伦理团队）来决定如何处理自动驾驶汽车，也是令人不愉快的。

接受不确定性

赌徒思维意味着接受不确定性。我们会仔细衡量事情发生的概率。如果概率足够高，就选择左边；反之，就选右边。换句话说，我们的决策规则有明确的标准，其依照预测而定。如果预测非常准确，这种方法就会很有效。回想一下迈克尔·乔丹关于是否冒着加重伤痛的风险继续比赛的决定。如果医生说受伤完全不会导致他的职业生涯结束，那么乔丹和莱因斯多夫都会毫不犹豫。不过实际上这个决策很困难，因为预测涉及不确定性。乔丹认为90%的确定性已经足够，而莱因斯多夫则持不同意见。

通过衡量信心程度来做出决策的想法是很吸引人的。例如，评估难民入境的过程是一个充满不确定性的决策过程。根据难民申请人的陈述，难民评估员需要判断申请人的申请是否可信，且如果他们的申请被拒绝，根据《联合国难民公约》的规定，他们是否会受到伤害？此外，支持评估员做出决策的材料通常很少，而他们也很少收到有关他们过去决策是否正确的反馈。

目前，评估员尽力权衡证据并做出决策。他们往往对自己的决策很有信心。正如一位学者所说："有些人似乎认为，仅凭他们的直觉就能正当地做出真理般的裁决。如果直觉告诉他们某个人在撒谎，那个人就一定在撒谎。"[4]

这种信心是错误的。为了做出更加慎重的决策，如果我们能够获得一项评估申请人说谎概率的预测，这将有所帮助。我们的目标是改善决策结果，而不是提高受理申请的比例。

目前，我们无法获取有关结果的数据，因此无法了解接受或拒绝难民的决策是否带来了评估员所预期的结果。要想收集这些数据，就需要构建一个预测机器，然后对未来的申请人进行评估。有了这个机器，我们就可以更有信心地通过证据进行评估。例如，在加拿大，一位来自德国的难民申请人声称自己受到了其儿子学校管理层的迫害，并表示德国警方无法为她提供帮助。我们可以获取大量关于德国警方对犯罪报告响应力的数据，因此有信心预测警方会保护她，至少满足她的难民申请。评估员也可以确信，证据将支持也门的 LGBTQ（性少数群体）活动人士或苏丹的受迫害少数民族成员的申请。

其他情况则还是存在不确定性。关于警方是否会对家庭暴力的求助做出回应，或者申请人的个人情况是否足以引起政府的关注，往往没有足够的信息。在这些情况下，缺失的数据意味着不确定性，不确定性将减少过度自信。

评估员需要运用判断力来比较不确定的预测与申请评估，即哪种错误更严重：拒绝应该被批准的难民申请，还是批准应该被拒绝的难民申请。[5] 这看起来很简单，但实际上风险很高。拒绝合法的难民申请可能会导致其受到迫害或死亡，批准虚假的难民申请意味着人们会利用某个国家的慷慨。根据《联合国公约》，接受虚假的难民申请是严重的错误，而拒绝合法的难民申请显然是“大错特错”。

在预测和判断“脱钩”的情况下，即使是最好的人工智能，对难民申请的预测仍然存在不确定性。最终，如果预测机器接受了预测中固有的不确定性，那么更多的申请将被接受，拒绝的代价将会很高。

目前的系统并不是这样运作的。对于评估员而言，传达不确定性的预测机器没有太大用处。他们没有接受过解释不确定性的培训，而法律对于错误决策的严重性也存在模糊之处。即使评估员接受了培训，也不能将其直接应用于现有流程中。接受所有不确定的难民申请可能会引起政治压力，使难民难以实现其目标，可能还会导致人们掩盖信息。尽管人工智能有潜力带来更公正的难民申请流程，但在系统没有改变的情况下，这仍是不可行的。这个新系统的一部分将是对判断的明确理解，即如何衡量错误决策的相对风险。

判断力缺失限制了人工智能

判断就是表达你的需求。但是，如果出现了新的环境或者信息是你之前没有处理过的，你是否真的知道自己的需求？对于受理难民申请的评估员来说，如何解释某个申请有40%的合法性？过去，评估员在他们的决策中将预测和判断结合在一起。对于很多人工智能的新应用来说，与预测“脱钩”的判断可能尚不存在。因为没有能力预测将要发生的事情，所以无法根据该预测采取行动，进而也没有理由去了解该行动的回报。

这意味着预测和判断之间存在“先有鸡还是先有蛋”的问题，进而对采用预测机器和构建新的人工智能系统产生了障碍。只有当你知道信息的用途时，投资和采用更好的预测才有价值。只有当你预期有更好的预测时，你才会想出如果有更好的预测，你可能会怎么做。因此，缺乏判断力会限制你投资更好预测的意愿，反之亦然。

找寻判断

判断可以通过在事前思考预期结果来建立。通过研究、评估和向他人学习，你可以确定在不同情况下可能出现的结果。我们大多数人就是这样学会不碰热炉子的。有人告诉你碰热炉子会烫伤自己，你在没有亲身经历烫伤的情况下学会了这个判断。有人将这个判断传递给了你，这种方式的好处在于避免了在做事过程中犯下代价高昂的错误。

你们中的一些人可能会对此持怀疑态度。孩子被告知不要做各种事情，但其中许多事情并没有太严重的后果。更具反叛精神的读者可能会去碰热炉子，并在经历了疼痛后，学会了这个判断。你通过亲身经历学到了。

你做出选择，然后获得反馈，结果会告诉你不同路径的成本和收益。通过在不同环境中做出不同选择，你的经验越多，结果就越清晰。你从这些经验中得出的判断，会让你知道将来该怎么做。

判断的建立方式有两种。一种是计划性地向他人学习，包括阅读、指导等；另一种是通过经验学习。现在我们分别讨论这两种方式。

详细规划

有了低成本或高质量的预测，通过经验获得判断就会变得更加容易。但如果这些预测需要一定的投资和开发呢？在开发之后，预测的成本可能会很低，但是获取数据、进行训练及测试算法所需成本可能需要明确其使用的合理性。需要仔细分析一下，如果有预测可用，可能会做出哪些选择，即对结果进行预想并获得判断，这也许是必要的。例如，许多风险投资家为初创企业提供资金支持，而这些公司的成功取决于高度的不确定性。在进行投资之前，他们会进行分析，如果成功了，是通过首次公开募股退出更好，还是私人收购退出更好。[6]

在这个过程中，我们自然地认为，相较于出现频率低的情况，应调查出现频率高的情况造成的结果。然而，当涉及对不同情况做出选择时，问题不一定在于预测能否区分更频繁和不那么频繁的情况，而在于它是否能够区分在截然不同的情况下需要采取的行动。

让我们来思考一下在信用卡欺诈中应用人工智能的情况。当你刷信用卡时，一系列算法会决定是否处理或拒绝该交易。拒绝交易的原因可能是，你的信用额度已经用完或者怀疑你存在欺诈行为。信用卡网络不允许处理有欺诈嫌疑的交易，因为它将承担与盗刷相关的费用。但是，整个信用卡业务的基础在于对客户和商家来说都很便捷和轻松。因此，拒绝合法交易是有害的。消费者可能会感到受挫，或者更糟的是，他们会转向使用其他公司的信用卡。

当信用卡网络的算法怀疑该交易可能存在欺诈行为时，它会给这种可能性分配一个分数，该分数代表该交易存在欺诈的概率。但是，如何对这些信息做出反应，就需要判断的介入。这个判断不在商家或其他任何人手中。如何使用这些信息是在系统中已经编程好的，接受或拒绝信用卡的决定是自动化的。难道还能有其他方式吗?

这意味着必须事先对判断进行思考，从而指导如何将分数转化为接受或拒绝的行动，这些工作很可能是由评估这些选择的一个委员会完成的。如果预测分数始终为 100 或 0，那么你将不需要太多判断来决定正确的行动路线。然而，你所做的是为预测分数设置一个阈值，高于该阈值，交易将被拒绝；低于该阈值，交易将被接受。对于绝大多数交易而言，它们将被接受，这意味着不会频繁出现相对较高的欺诈分数。这解释了为什么在算法评分之前，信用卡公司让商家自行决定是否接受信用卡。

选择该阈值是为了减少两个错误。第一个错误是可能被允许的欺诈交易。这个错误的成本仅是与信用卡公司有关的成本，而不是商家或持卡人所承担的交易成本，这可以通过历史数据计算得出。第二个错误是可能被拒绝的合法交易。这个成本更难被计算，因此更难做出判断。其中，持卡人类型扮演着重要角色。信用卡公司担心，若持卡人是高级客户，如果他们在交易中受挫，就会将所有交易转向另一家信用卡公司，而这样的错误可能发生。因此，判断与客户的其他特征有关，持卡人类型与欺诈分数二者相互作用。预测欺诈交易取决于从被调查的交易中推断出的异常情况。相比消费模式更稳定的普通持卡人，对经常旅行的高级持卡人的预测会更困难。

可以看出，由于要考虑不同的方面，预先计划的判断就变得复杂了。这些方面需要被转化为可描述的内容，以便在自动化过程中编码，至少对信用卡业务来说如此。通过自动化，判断个人在决策前需要判定什么是很重要的。这种复杂性对采用人工智能系统构成了一道障碍。做出判断的人在改变。商户不再依靠预测与判断决定人们是否会遵守其信用，而是信用卡公司在实时预测的基础上，进行大规模的慎重规划和判断。

经验之旅

通过给出判断——在特定情况下知道该做什么——经验可以带来更好的决策。然而，这一过程可能并不简单，毕竟，我们是否经历某事取决于发生了什么和知道所发生的事情确实发生了。如果你意外碰到热烤箱，你既有了新的经验，又可以推断出经历的后果，但这需要一个意外事件。如果你知道烤箱可能很烫，所以就绝不触摸它，你就不会知道后果是什么。我们并不是说这是一种不好的策略，而是在强调你的选择可能会指导你的经验。[7]

为了更准确地说明这一点，我们来考虑这样一种情况，即你有两种行动选择。一种选择，我们称之为现状行动，即你一直在做的事情。你非常清楚从中能得到什么，而且它还有另一个特点，即你所得到的总是一样的。它是一种具有一定回报的行动。另一种选择，我们称之为冒险行动，即你从未尝试过的事情。你不知道如果你选择冒险行动会发生什么。例如，可能是雇用一个不符合常规标准的人，或者为一家不符合你一贯投资理论的初创企业融资。在这种情况下，即使你收到有关冒险选择的信息，可以帮助你更好地理解决策的背景，但你可能仍然不知道是否值得执行下去。

在这种情况下，你可能会陷入困境。一方面虽然一些预测可以提供信息，但如果你不知道该如何利用这些信息，你就不会为那些预测付费；另一方面如果没有那些预测，你将继续维持现状，并且永远不会知道冒险行动对你来说意味着什么。同样，建立判断的挑战是建立人工智能系统的一道障碍。

如果人工智能系统解决方案的回报率足够高，对建立判断进行投资就是值得的，因此这种“先有鸡还是先有蛋”的情况可能并非无解。那些最适合通过经验或计划来建立判断的人，可能与目前基于捆绑式预测和判断来做决策的人不同。

适用于一切的 FDA

在许多情况下，我们并不知道一个人服用治疗疾病的药物后会有什么反应。我们知道有些人会遭受可怕的药物副作用。每个人的情况都是不同的，药效具有概率性，因为即使是良药也不适用于每个人，有时很难区分良药和毒剂。

20 世纪初，江湖郎中在药品市场上到处卖药，药效的概率性原本阻碍了药物市场的发展。然而，我们建立了一种监管流程［在药品领域由 FDA（美国食品药品监督管理局）领导］，以评估药物在每种适应证中的总体效益与成本。监管流程承认药效具有概率性，并使用随机实验（如第三章中所述）确定药物是否有效。此外，我们不仅在总体上考虑效益成本比率，同时对于不同年龄段的特定细分人群也会考虑这一比率。例如，FDA 分阶段批准的新冠病毒疫苗，先是针对成年人，然后是儿童。

当我们考虑用概率性方法替代确定性方法的新系统设计时，可能需要对以前没有类似监管的领域采取类似的监管方法。[8]例如，虽然我们要求新司机参加简单的驾驶资格考试，但从未审查过他们对可能会伤害他人成本的判断。我们可能需要类似 FDA 等监管机构来测试自动驾驶的人工智能，以确定车辆的运行对于既定安全准则来说是否安全。

与此类似，我们可能需要这样的监管机构来监管给予银行贷款的人工智能。这个监管机构将测试人工智能对贷款的发放，以确定其是否符合法律要求。此外，我们可能还需要这样的监管机构来监管仓库机器人控制系统的人工智能，其中机器人与人类近距离工作，从而测试机器人的行动相对于某些基本准则而言是否安全。

就像难以验证的具有概率性的制药行业受益于监管流程一样，这些监管流程旨在向公民保证，尽管存在一些风险，但总体上好处较多。当我们设计系统解决方案以充分发挥人工智能的全部优势时，可能需要类似的思考方式。当我们从"中间时代"进入一个人工智能无处不在的新时代时，大多数系统从确定性过渡到概率性，我们可能需要为几乎所有事物都设立 FDA。这些监管机构将成为新系统的一部分。

谁是合适的裁决者

谁拥有判断力，它是如何获得的，以及如何将其实际运用到决策中——无论是作为阈值还是以更复杂的方式——都是基于人工智能预测来构建系统设计的关键所在。回想一下，人工智能预测往往意味着你现在可以选择谁是合适的裁决者，而不是合适的预测者和裁决者的组合，因为这些功能已经互相"脱钩"。"脱钩"意味着你需要选择谁来获取这些预测，并了解预测将如何被使用。预测可能会传递到一个地方——比如一个算法，它将预先设定的判断纳入其中，以创建触发行动的预测阈值——或者传递到许多地方，比如为许多驾驶员提供最佳导航路线的预测。

这些变化可能是颠覆性的，在实施过程中会造成不和谐。尽管如此，重新思考系统的机会已经出现，首先是“脱钩”，然后是找到合适的裁决者。这些裁决者可能与现今的决策者不同，他们需要了解如何运用赌徒思维，并具备适当的规划技能、经验或机会来建立判断力。

本章要点

- 人工智能将概率思维引入了系统中。当我们调查一场交通事故时，会问驾驶员在撞人之前是否看到了行人，并期望得到一个肯定或否定的答案。我们不太习惯处理“可能是”或“有一点”这类情况。然而，这就是人工智能给出的答案。它看到了某个事物，认为有 0.01% 的可能性是一个人正在接近道路。当我们将人工智能引入系统时，通常将这个系统从确定性转变为概率性。有时，现有系统已经很好地适应了概率性输入，而其他时候，则需要通过系统重新设计来大大提高生产力。
- 我们必须运用判断力来将预测转化为决策。如果传统上是由人来做决策，那么判断可能不会被编码，从而与预测明确区分开。因此，我们需要生成判断力。那它从哪里来呢？可以通过传递（向他人学习）或经验获得。如果没有现成的判断力，我们可能没有动力去投资建立人工智能来进行预测。同样，如果我们没有能够做出必要预测的人工智能，我们可能会犹豫是否投资开发与一系列决策相关的判断力。我们面临一个“先有鸡还是先有蛋”的问题。这给系统重新设计带来了额外的挑战。

- 要充分利用人工智能的能力，许多应用需要新设计的系统解决方案，其中不仅包括预测和判断，还包括监管功能，用于在系统从确定性转为概率性时向社会提供保障。我们事先不知道系统在所有情况下如何运行，因为它没有被强制编码。类似于难以验证的具有概率性的制药行业，它们从监管流程中获益良多，可以向公众保证，尽管存在副作用风险，但总体上好处较多，我们可能需要类似于 FDA 的监管功能，从而根据既定的测试框架来检验机器的决策。在许多情况下，要想让依赖概率信息的系统重新设计获得成功，这一点至关重要。

第十五章

新的裁决者

铅是一种致命的神经毒素，会影响儿童的大脑发育。[1] 从 20 世纪 60 年代起，铅逐步从油漆中被淘汰，70 年代起逐步从汽油中被淘汰。现在大部分铅油漆已被取代。使用铅汽油的汽车早就报废了。这些变化改善了全球数百万人的健康状况。

美国在 1986 年禁止使用含铅管道，但已经安装的管道并不在禁令范围内。由于这些管道可以使用 100 年，如果不更换，它们将继续造成危害。密歇根州弗林特市改变了水处理方法，导致饮用水中的铅含量大幅上升，从而引发了管道更换问题。但问题在于市政府官员不知道哪些管道含有铅，哪些是无害的，而逐一检查每根管道的成本很高。

不确定性为部署预测机器提供了机会。密歇根大学的两位教授埃里克·施瓦茨和雅各布·阿伯内西接受了这一挑战。他们与研究团队一起着手预测哪些管道可能含有铅。他们成功地建立了一种人工智能，将其部署在弗林特市。该城市只对预测表明可能含铅的家庭进行了铅管道检查。预测机器确定可能含铅管道的正确率达 80%。[2] 2016 年和 2017 年，数千名弗林特市居民更换了含铅管道。

然而，一些居民并不满意。例如，预测可能意味着，在一个社区中只有一个街区的管道含有铅（也许是因为房屋年代较久远），这使社区的其他居民对自家管道感到担忧。一些社区，尤其是贫困社区，那里的居民比富裕地区的居民更有可能接受管道的铅检测。一些富裕居民则因为他们的管道没有被早点检查而感到愤怒。弗林特市市长聘请新的承包商管理含铅管道的更换工作，要求该公司在全市各区、各家各户进行挖掘，而不考虑饮用水管道是否真的含铅。

预测准确率骤降到了 15%（见图 15–1）。尽管许多居民对住房里没有含铅管道感到放心，但识别和更换管道的过程停滞了。人工智能提供了出色的预测，但判断仍然受到政治因素的影响。正如新的项目经理所说，市政府“不想向议员解释为什么他们的选区没有工作可做”，“市政府不想落下任何人”。[3] 在此过程中，一些选区的居民得到了他们的管道里不含铅的保证，且尽管人工智能预测第五地区 80% 的住宅中都有含铅管道。但该市第五选区的挖掘次数最少，根据当地政治家的判断，弗林特市决定不使用预测机器。

但这并不是故事的结局。2019 年 3 月 26 日，美国法院批准了一项和解协议，要求该市使用施瓦茨和阿伯内西的预测。法院取消了政治自由裁量权。相反，它预先确定了判断。实质上，它判断消除铅对每个城市选区和每个社区有同样价值。重要的是存在铅的可能性有多大。随后成功率迅速提高到 70%，数千名弗林特市居民的含铅管道被确认并更换。《时代》期刊将施瓦茨和阿伯内西的人工智能评为“2021 年最佳发明之一”。如今，该人工智能由一家名为 BlueConduit 的营利性公司推广，约 50 个城市使用这些预测来节省资金，同时识别和清除数百万住宅中的铅含量。[4]

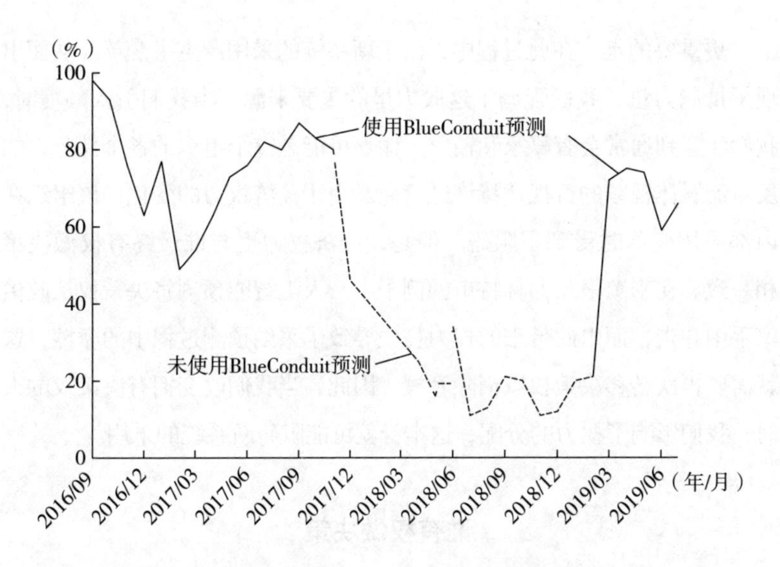

图 15-1 弗林特市对含铅管道的预测准确率

资料来源：本图根据贾里德·韦伯、雅各布·阿伯内西和埃里克·施瓦茨的工作论文《清除铅：弗林特市的数据科学与供水系统》(密歇根大学,2020 年)图 3 中的数据调整绘制。于 2022 年 5 月 10 日在https://storage.googleapis.com/flint-storage-bucket/d4gx_2019%20(2).pdf 上访问。

有趣的是，新预测机器的出现为何引发了对决策权的争夺？因为预测对弗林特市的政治家而言不利，所以他们放弃了预测。其他人则认识到，只要每个家庭都被判定为具有同等价值，这些预测就可以改善生活。经过一场法庭案件，决策权发生了改变，法院的和解协议预先确定了判断，地方政治家失去了自由裁量权，集中式系统取得了胜利。

当预测机器导致判断与预测“脱钩”时，就有机会将判断的重心转移给他人。正如我们所注意到的，谁拥有判断力，谁就将最终做决策。谁应该做决策和谁最终做决策都可能会发生改变。本章将探讨新的裁决者可能在何时出现并对决策负责。

更重要的是，在此过程中，由于新系统的采用产生了变革，从而出现了抵制力量，我们强调了这股力量的重要来源。当我们引入颠覆时，我们注意到通常会有赢家和输家。输家可能是整个组织的各个部分，如反对流媒体视频的百视达特许经营商。由于经济权力的变化，该组织在内部采用变革时受到了阻碍。但是，经济权力也与谁最终有权做决策相一致。在密歇根州弗林特市的例子中，人工智能预测将决策权从政治家手中夺走，而由此带来的权力丧失导致了采纳预测过程中的摩擦，这就需要再次转移决策权以消除摩擦。因此，当我们改变拥有决策权的人时，我们影响了权力的分配，这本身就可能阻碍新系统的采用。

谁有权做决策

以法院确定的优先级列表取代地方政治家的判断，这可能会改善人们的生活。不同的人有不同的动机，当预测机器可以改变决策的时间和地点时，新的机会就会出现，从而做出更好的决策。

在商业领域，当我们考虑是由上层管理者还是由他们的下属做出某项决策时，首要标准是“谁能以最低的成本为组织做出最有利的决策”，这就是效率。有很多原因可以解释为什么一个人被分配了决策权，以满足效率的需要，其中一个原因是该人可以获得能指导决策的重要信息。例如，在哪里部署当地资源的决策一般是由现场经理做出的。尽管人们可以将收集到的信息上报，但这可能需要时间并且成本很高（对所有相关方而言都如此）。因此，有时我们会将决策权留给那些掌握第一手信息的人。

另一个原因是相关人员的技能水平。做决策可能会很困难，特别是你必须理解信息，然后进行预测和判断以做出选择。所有这些活动都需要技能，但并非所有人都具备这些技能。因此，你需要根据技能来分配决策权。

与此相关的是激励机制。你希望决策符合组织的利益。然而，在做决策时，人们会受自己偏好的影响。这可能导致该决策与组织利益不一致。虽然可以通过激励机制来调整利益（只要能以某种方式衡量造成不一致的因素），但在其他情况下，一些人与组织的利益会比其他人更一致，而这将决定决策权的分配。

最后，决策的影响并不止于此，有时还会超出决策者的职权范畴。例如，销售和营销必须与生产和运营相一致。在这种情况下，了解不同决策之间关系的人可能是做出所有决策的人。因此，决策可以捆绑在一起，以便以协调的方式进行决策，即使这可能会在信息可用性、沟通甚至技能方面带来一些不利因素。

给予某些人决策权的意义在于赋予他们与该决策相关的权力。他们需要能够决定在哪儿部署资源，考虑哪些信息，以及最终为谁的利益做出决策。有了这种权力，自然就有了获取更多价值的能力。当你获得决策权时，是因为你能够做出更好的决策从而为组织创造价值。此外，之所以是你而不是别人拥有该权力，是因为信息、技能和利益的协调一致并非随处可见。也许任何人都可以做出决策。然而，我们要花时间考虑谁做决策的事实意味着，决策权带来了权力。

与人工智能预测一同到来的是预测与判断的“脱钩”。更重要的是，人工智能预测意味着判断力将成为一种基准，其决定了谁能被更高效地赋予决策权。毕竟，人工智能的预测结果应该是相同的，与谁使用它无关，这就自动排除了它作为决策分配因素的可能性。

决策才能

我们通常将具备技能的人称为人才。我们重视人才的技能，这些技能可以产生更好的决策，而在预测机器出现之前，这意味着卓越的预测和判断能力。机器预测的出现引发了一个问题，即人类对于决策贡献了什么具体技能。在此之前，很难将人类的良好决策与预测和判断区分开，而预测机器则关注的是人类判断的技巧。

正如我们在第十一章中所探讨的，好消息是判断必须来自一个人，而坏消息是这个人不一定是在人工智能预测出现之前提供判断的那个人。

人工智能预测何时会真正改变提供判断的正确人选？在许多情况下，人工智能预测可能会巩固当前做决策的人才的地位，因此他们不会被颠覆。然而，对于其他情况，从别处获得的判断可能会更高效。那么你应该注意哪些因素来确定变革的方向呢？

预测与判断的"脱钩"会改变权力的分配，而前提是能高效提供判断的人发生了变化。某个人的判断变得更有价值，而其他人的判断变得没什么价值。这并不会在所有行业中和所有情况下发生。在一些情况下，人工智能的最新进展对决策过程并没有什么影响；而在另一些情况下，更好的预测将使企业能够改进现有的预测分析或逐步改进现有的流程。

然而，有时更好的预测意味着判断的基准将发生变化。当这种情况发生时，决策者将发生变化，并且权力将被重新分配。人工智能将对判断的价值产生不同的影响，而这取决于它是否处在一种情况下，即在人工智能出现前，是要依赖预测去做决策的。

所有的出租车司机都必须预测在任何特定时间两地之间的最快路线。例如，在英国伦敦，出租车司机需要接受为期三年的培训来学习"知识"，并在培训结束时接受有关街道名称与机构位置的记忆测试，同时在一周的任何一天、任何时刻，他们要能确定任意两点之间的最快路线。因此，预测是工作的核心。当机器通过应用程序提供这些预测时，对目前的出租车司机来说不会有什么变化，但其他司机现在有机会依靠人工智能预测，而不是他们自己的预测技能来进行判断。人工智能颠覆了出租车行业，并不是因为它改变了出租车司机判断的价值，而是因为它提高了其他司机判断的价值，而这些司机现在可以在优步和来福车上拉载乘客。通过扩大可以开车载客的工人群体，预测改变了能做决策的人。

在弗林特市含铅管道的案例中，预测将决策者从地方政治家转变为法官和法律案件中同意修改决策的各方。

改变决策者可能引发抵制和怀疑。如气象学家预测天气，[5]他们预测每日温度、降水和危险天气，如飓风、龙卷风和暴风雪。他们传达天气情况，这对于极端天气事件尤为重要。美国国家气象局前主席托德·勒里科斯指出："我们所做的是进行风险评估。公众会面临多大风险以及我们需要向他们传达什么信息，以便他们采取应对措施。"[6]

预测只是第一步，但如果传达失败，无法改变行为，好的预测就没有了意义。我们来思考一下 2011 年龙卷风袭击密苏里州乔普林市的情况。当天在龙卷风袭击的 4 个小时前发布了预警，并在前 17 分钟发布了警报，但大多数接受调查的乔普林市居民并未寻找庇护所。[7]可悲的是，龙卷风造成 158 人死亡，还有许多人受伤。天气预报是确保人们在天气变得危险时做出正确决策的一部分。

随着天气预报的进步，沟通变得更具挑战性。假设龙卷风的风险是 5%，预报员就必须权衡短期利益（告知人们生命和财产所面临的真实风险）与长期成本（多次警报可能导致人们产生疲劳，在 20 次中有 19 次都没有发生任何不好的事情）。这改变了气象学家的日常角色。正如勒里科斯所说：

在传统意义上，天气预报服务的主要客户是公众。现在，公众成为更间接的客户。我们的大部分重要服务工作是与地方当局合作做出关键决策……他们是有影响力的人。你可能见过这样的情况，在巨大的暴风雪来临前，市长会说："请人们不要上路。"[8]

换句话说，美国国家气象局提供决策支持。正如作家安德鲁·布拉姆所指出的，它现在花费"更多的时间向应急管理人员和公共工程官员解释天气事件的可能性及其影响的严重程度。在此期间，这增加了更多的工作量。而在将来，这可能就是唯一的工作了"。[9]

造成这种情况的原因是更准确的预测。当预测错误时，学校可能只有在下雪的时候才停课。更好的预测意味着提前数天就可以采取行动：

这引发了一个新的挑战：如果天气预报近乎完美，你可以用它做什么？如何学会利用它做决策？过去，气象学在解决这个现实问题上进展缓慢。气象学家兼 Weather Company 的高级副总裁彼得·尼利解释说："我们曾认为，这是科学研究后面才要考虑的事，是别人需要考虑的问题。""我们的科学家一直说，'我们将专注于准确性，当我们在准确性上达到乌托邦时，社会就会安全无虞'。但我们已经意识到这不完全正确。"现在他们的工作范围扩大了，包括"整个价值链，从模型中的预测开始，一直到个人的有效决策"。[10]

到目前为止，当地办公室的气象学家在这方面做得很好。以降雪警报为例。在我们居住的多伦多，如果一晚上会有一英寸的降雪量，降雪预报就会告诉你要在出门前多准备几分钟的刷车时间。但同样的一英寸降雪预报可能会导致亚特兰大停工。在拉斯维加斯，情况可能更加复杂。预报可能只与该市的西部有关，因为海拔较高的地区更可能有雪。要做出正确判断就很复杂，还需要了解人们的生活方式。

勒里科斯描述了针对天气的人工智能系统解决方案是如何运作的。他首先描述了点解决方案："更好的预测将使气象学家在传达影响和风险方面的工作变得更重要。"这随后导致了系统层面的变化：

> 人工智能还可以运用在气象学的另一个领域。把更准确的天气预报看作一种输入，然后将这些信息与其他社会和个人数据结合起来，以更好地预测个人（或公司）的风险状况和降低该风险所需的行动。我们可以想象这样一个世界：在那里不再发布一般的天气预报，而是自动向个人或公司发送个性化的天气预报。难道不再需要人类气象学家了吗？我们人类的判断力似乎更适合创造人工智能，使其做出正确的决定，然后再提供给客户。[11]

要做到这一点，需要理解个人行为模式，告诉他们天气预报对他们而言意味着什么。勒里科斯举了一个例子：如果你住在拉斯维加斯的东部，你则不需要改变自己的行为模式，除非你孩子的学校位于西部。在这种情况下，你预计学校会停课。如果没有停课，你需要想办法将孩子接回家。这还取决于你的交通工具。在内华达州，有很多人拥有后驱跑车。随着预测变得更好，判断变得更加细致。勒里科斯强调，我们需要具备正确专业知识的人，就是"社会学家、交通专家和气象学家"。他承认"可能存在气象学家没有发言权的情况，这取决于你要解决的具体问题"。[12]如果更好的人工智能意味着气象学家不再是天气决策的核心，我们预计这些气象学家会对人工智能的大规模采用保持警惕。

弗林特市的含铅管道、导航应用程序和天气预报的例子都表明，如果决策者的判断力价值因人工智能而提升，他们将继续掌握权力，而如果判断力贬值则不会。归根结底，这取决于决策的效率。如果拥有预测机器意味着拥有信息、技能、激励机制和协调能力的人将发生变化，那么判断权也会发生变化。[13]

（去）中心化

人工智能也影响权力的集中程度。它可以规模化判断，这是人工智能预测的直接结果，因为人工智能预测是可以在广泛的决策中进行沟通和确定的软件。从制定判断和将其编码为自动化流程，这种规模化提高了潜在的效率。

为了了解这种情况是如何出现的，让我们思考一些已经受到人工智能预测影响的案例，比如放射科医生和信用卡。我们在第十四章中介绍了后者。对于前者，人工智能预测已经威胁到了放射科医生的工作。在这种情况下，虽然人工智能预测可能优于人类预测，但为了评估其影响，我们必须确定人工智能预测是否还会改变提供判断的人。

请记住，判断是一种认识，以权衡不同选择所产生的价值。当你依靠预测来做出决策时，判断是你对做出错误决策的后果所给予的重视程度，因为预测通常是不完美的。当人工智能预测出现时，谁会知道在预测不完美时应该怎么做呢？

让我们来思考一个疑似恶性肿瘤患者的诊断决策。为了做出诊断，放射科医生会检查患者的放射影像。在美国，放射科医生通常不与患者接触，因此唯一的数据就是影像本身。

虽然在某些情况下，预测后果是显而易见的，但在其他情况下，放射科医生需要推断恶性肿瘤存在的概率。如果恶性肿瘤存在，而他们诊断为其不存在（即假阴性），患者将无法接受治疗并可能会死亡。这似乎会促使人们为了防患未然而去诊断病情。

但是，防患未然也有其代价。为未患恶性肿瘤的患者做恶性肿瘤诊断，意味着患者要做进一步的检查和治疗，这让人很不舒服。最终的诊断可能需要进行判断。此外，判断的一部分可能涉及放射科医生对自己能力的信心。如果他担心可能会遗漏一些东西，那么他可能会倾向于假阳性而不是假阴性。

放射科医生的判断力来自培训和经验。每位放射科医生都会将自己的判断力应用于他们所面临的每个决策。

在其他情况下，判断并不取决于许多个人，而是更加中心化过程的结果，这就是信用卡网络的情况。在这种情况下，算法可以预测一笔交易是否存在欺诈行为，但指导如何处理该预测的判断需要被预先考虑、编码，并被大规模应用。这种判断是中心化的。

放射科医生和信用卡的例子说明了判断的两个广泛来源。个体可以为每个决策提供局部判断，也可以为大量决策提供全局判断以实现规模化。当决策的背景与局部因素关系紧密，或者很难将判断编码用于各种决策时，局部判断就显得最有价值。当整个组织拥有一致的决策过程，并且局部的环境不那么重要时，全局判断就具有最大的价值。因为当人工智能改进预测时，它可以改变判断的最佳来源，所以区分适应局部环境的判断和在全局范围内规模化应用的判断非常重要。

这在信用卡的例子中已经很明显了。在信用卡出现之前，主要的支付工具是现金和支票。现金当然是可靠的，也很难进行欺诈交易。而支票则是另一回事，商家会决定是否接受来自特定客户的支票。商家会自行预测该支票能否被兑现，同时也会结合接受支票或要求使用现金的后果来进行判断。

随着信用卡网络的规模化发展，它们提供了大量数据，使它们甚至能够在人工智能出现之前预测是否应该执行信用卡交易。最初，欺诈管理的重点在于事后恢复。但随着更好的预测出现，它们可以更有把握地做出接受或拒绝决策，而无须要求商家召集可疑的对象。因此，更好的预测导致了判断来源的改变：从局部环境到全局范围。

放射科医生仍然进行预测，并在这种情况下做出判断。判断仍然来自局部。然而，随着人工智能的进步，我们不知道放射科医生是否仍然会是做出诊断判断的最佳来源。

放射科医生所做的工作不仅是预测。正如在第八章中所指出的那样，放射科医生的工作流程包括 30 项不同的任务，其中只有一项是预测，会直接受图像识别人工智能的影响，[14] 其他任务包括进行体检和制定治疗方案等判断。[15] 放射科医生从医学院毕业后还需要接受多年的培训，其中多年的时间是用来学习如何解读影像的。一旦人工智能去做影像预测，问题就是谁最适合从事放射科医生目前所做的其他工作。这很有可能需要一个了解局部环境的医护人员。对医学成像方面的更好预测可能意味着更多的医疗专业人员可以运用判断力，将决策权从放射科医生转移给更多的医疗专业人员。

预测可以增强或减弱决策权的中心化。

判断与控制

我们已经讨论了判断和控制的两个方面。有时，预测与判断的“脱钩”意味着不同的人进行判断，而有时则是同一群人。决策的控制有时变得更加集中，而有时则不太集中。图 15-2 对此做了总结。

		对决策的控制	
		更加集中	不太集中
进行判断的人	相同	客户服务、招聘	医学成像
	不同	信用卡、弗林特市的含铅管道	优步司机、气象学

图 15-2　判断与控制

当少数人拥有最高效的判断力，并且人工智能意味着这些人应该与目前做出决策的人不同时，就有出现颠覆的可能性。我们已经在支付行业中看到了这种颠覆，集中式网络管理者的判断取代了数百万商家的判断。弗林特市也出现了颠覆，这说明旧的做事方式在数据时代已经无法维持。

当不同的人进行判断时，即使是人工智能的点解决方案也会面临阻力，这会减缓人工智能的普及速度，延长我们在“中间时代”的时间。它还增强了颠覆的可能性，增加了对人工智能系统解决方案的需求。如果现有体系中掌握权力的人不愿放弃他们的位置，那么一个新的体系——也许是由一个有进取心的人工智能系统企业家开发的体系——将会把判断权分配给最适合提供判断的人。

然而，即使有了合适的裁决者——正如我们将在第六部分中看到的那样——也需要认识到系统涉及相互关联的决策。因此，改变一个决策的实施方式可能会对许多其他决策产生影响，这也对系统设计产生了重要的影响。

本章要点

- 当人工智能的实施导致预测和判断“脱钩”时，就可能存在增加价值创造的机会，但这可能需要重新设计系统，并将判断权从当前的决策者转移给其他人。当发生这种情况时，权力会重新分配。授予判断权的人最终做决策，并因此拥有权力。利用人工智能的新系统设计可能会削弱某些人的权力，因此他们可能会抵制变革。
- 在设计新系统时，我们应该如何分配决策权呢？我们会选择最有可能以最低成本为组织做出最有利决策的人或团队，这就是决策效率。其中，有四个主要因素需要考虑。一是信息：谁可以获得做出决策所需的信息，或者谁应该被赋予这样的信息。二是技能：谁拥有做出决策所需的技能和专业知识。三是激励机制：谁的激励机制与组织在这个特定决策上的利益最为一致。四是协调：如果决策影响到组织的多个部分，那么谁拥有所需跨组织的权威、信息和激励机制，能够做出最符合组织整体利益的决策。预测叠加判断与只需判断这两种需求的答案可能会截然不同，因为人工智能会提供预测。
- 如果判断可以被编码从而规模化，新的系统设计可能会集中权力。信用卡和放射科医生就是两个例子。在信用卡的案例中，权力集中在少数几家信用卡公司的手中，而不是过去的许多商家手中。在放射科医生的案例中，有人推测，医学影像中的模式识别和异常检测等关键技能有助于将预测集中在人工智能解决方案中。在这种情况下，如果不再需要放射科医生的预测技能，那么他们是否最适合提供判断？如果不是，护士、社工或其他训练有素的医护人员可能会提供判断。

第六部分

展望新系统

第十六章

设计可靠的系统

诺贝尔经济学奖得主托马斯·谢林在获奖几十年前提出了以下思想实验：

> 假设你要在纽约市与某人碰面。你没有被告知在哪里碰面，你和对方没有事先约定好地点，且你们之间无法进行交流。你只是被告知必须猜测碰面地点，而对方也被告知了同样的事情，接下来你们只需尽量使你们的猜测一致。[1]

今天，当我们向学生提出这个问题时，他们甚至无法理解这个问题是如何产生的。你给对方发短信不就行了吗？但在过去，这可是很常见的难题。而整个思想实验的重点在于，你在无法进行交流的情况下能做什么。

在2000年前后，如果你在课堂上问纽约的学生这个问题，他们很快就会想到一个地点：在中央车站的大钟下面。在墨尔本，可能是弗林德斯街车站前的台阶。在多伦多，可能是纳森·菲利普斯广场上的大多伦多标志。

这些地方是城市的地标，大多数城市和小镇都有这样的地点。彼此知道两人在朝向同样的目的地，而且彼此都知道对方知道这一点。

在我们的思想实验中，那些感到困惑的通常是外地或外国学生。他们掌握了所需的知识，但没有必要的常识。实际上，他们可能会发现回答谢林的后续问题更容易："你被告知会面的日期，但没有被告知具体的时间……你们两个必须猜测会面的确切时刻。你会在什么时间出现在会面地点？"所有人都会回答："中午。"[2]这个时间甚至比地点更有标志性。

托马斯·谢林的职业生涯受到战争的影响，特别是冷战。他的研究关注如何避免战争，并使人们能够在彼此最大的共同利益上达成共识。他所使用的工具是博弈论。当思考如何协调许多人的决策时，即使当他们都面向一个共同目标时，这些工具也可以说明这种协调何时会很困难，何时会很简单。

这里我们感兴趣的是，当在一个系统中嵌入人工智能来帮助它做决策时，会如何改变所有决策协调的本质（无论是否使用人工智能），而答案的关键在于可靠性。

谢林的地标实验表明，依靠与自己有相似知识基础的人是多么有用。在组织内部，这可能很重要，但通常我们的依靠来自对其他地方所做事情的预期。当其他人遵守规则时，这项任务通常很容易完成，我们可以将组织的不同部分黏合在一起。但是当规则转变为决策时，建立一个灵活系统所面临的挑战就显而易见了。我们通常不会一直向他人传达我们在做什么，因为这本身就是有成本的。相反，我们会对其他人可能在做什么产生预期，然后在自己的领域做出选择时，我们将行动与这些预期保持一致。如果这些预期不可靠，那么我们将很难协调所有的决策。

事情并非一定如此。如果你可以设计系统，使预期一直可靠，你就可以从更好的预测中获得好处，从而带来服务客户的新方式。

人工智能长鞭效应

可以想象你经营着一家餐厅。顾客进来点餐，然后厨师制作食物。这似乎相当简单，因为预期是一致的。在任何时间，厨师在制作餐点时都会受到限制。这些限制是由他们的技能、订单数量，以及食材和设备的供应情况所决定的。如果你让顾客点任何他们想要的菜肴，那就会出现问题。因此，你制作了菜单。限制顾客的选择，这样你才能真正做出他们点的菜。从厨房的角度来看，菜单本身就创造了可靠性，防止了意外的发生。

你每周都需要订购食材，食材是由菜单决定的。如果菜单上有牛油果酱，你就需要购买牛油果。你每周订购 100 磅[①]。有时候 100 磅太多，你就会扔掉多余的部分；有时候 100 磅太少，你就会错失销售机会。

后来你采用了一种用于需求预测的人工智能技术，它奏效了。现在有几周你只需订购 30 磅的牛油果，而在其他周，你需要 300 磅。你的浪费减少了，销量增加了，因此利润提高了。

你的当地供应商过去习惯每周为你购买 100 磅的牛油果。现在，它面临着来自你的更多的不可预测性。它的其他客户也在使用人工智能进行需求预测。需求开始大幅波动。

因此，供应商决定采用一种人工智能技术，用于自己的需求预测。它过去每周订购 25 000 磅。现在，它的订购量在 5 000~50 000 磅波动。它的供应商同样也需要采用人工智能技术，然后其订单也开始波动。

---

① 1 磅约等于 0.45 千克。——编者注

以此类推，一直到农作物种植者，他们需要提前一年或更长时间来为种植规模做出决策。

我们将这种效应称为人工智能长鞭效应——采用人工智能技术改善了一个决策的质量，却降低了系统中其他决策的可靠性，从而损害了系统中其他人的利益。就像一条牛鞭，一个地方的小变化可能会在其他地方产生巨大的影响。

人工智能可以用于解决不确定性，但除非可以在整个系统中实现决策的一致性，否则根本问题（需求与供应需要保持一致）并没有得到真正解决。就像牛鞭的摆动一样，你自己的解决方案会在整个过程中产生回响。

我们陷入了一种悖论。人工智能的价值在于将你的行动与原本可能不确定的因素相匹配，从而做出更好的决策。但这样一来，你自己的决策对于他人来说就变得不那么可靠了，你可能会把承担不确定性的责任推给别人，这意味着不使用人工智能来调整不确定性，而是坚持使用更可靠的系统可能会更好。

有两种方法来构建处理这种问题的人工智能系统解决方案：增强协调性或增强模块化。

协调的价值

餐厅的人工智能可以预测需求。餐厅经理会做出其他一些决策，如菜单上提供什么菜。如果人工智能长鞭效应导致农作物种植者无法提供足够的牛油果，那么餐厅就需要改变菜单。只有在知道牛油果供应不足的情况下，才能做出这个决策。这就需要协调。

这样的协同效应意味着重要的是考虑如何实现多个决策者之间的协调、可变化管理和调整，而不是进行转型和变革。

为了理解这一点，让我们来思考一下有 8 位桨手的船队是如何运作的。一个船队在比赛中的表现取决于两项工作：一是桨手要保持一致的划桨节奏；二是桨手需要根据比赛的进展调整划桨速度，以确保没有一个或多个桨手在到达终点之前耗尽所有精力。坐在船尾的舵手对于第二项工作是必不可少的，但对于第一项工作却不是必需的。

这似乎让人感到惊讶，因为舵手会喊着“划啊，划啊，划啊”，并协调所有桨手保持相同的节奏。但这并不需要另一个人来单独完成，其中一名桨手可以做到这一点，在没有舵手的比赛中就是如此。但是，如果要时刻紧盯比赛用到的策略并了解个别桨手的状态，也就是收集信息并将其汇总起来时，舵手就变得至关重要。舵手可以估测是否需要改变节奏，并相应地调整发送给桨手的指令。同样，如果整个比赛都使用相同的划桨节奏，那么就不需要舵手来发挥作用。舵手的存在正是因为船队希望对信息做出反应，但需要确保他们以协调性方式进行调整。

对于这种同步问题，组织设计的前提是对协同效应的需求，因此模块化无法解决这个问题。对于经济学家保罗·米尔格罗姆和约翰·罗伯茨所说的分配问题，也需要同样类型的对信息的协调性反应。[3] 这些问题涉及将资源分配给某个活动，但你知道只需要使用一定量的资源，多余的将会被浪费，而少于这个量则不够用。我们以救护车调度为例来看一下。如果发生医疗急救情况，那么一辆救护车是必要的，而两辆就会造成浪费。为了确保只有一辆救护车响应，需要一个中央调度员——无论是人还是软件——来接听关于急救情况的电话（即信息），然后指派一辆救护车响应。如果所有救护车都收到急救消息，然后各自选择是否响应，可能就会出现没有响应者或响应者过多的情况。在这种情况下，最好有一种协调性方式，因为利害关系重大，派这一辆救护车而不是另一辆救护车去处理紧急情况，远比一辆都不派或派去太多辆救护车所造成的问题要小。

与其把决策分割开来，保护组织的其他部门不受某部门根据人工智能预测所做出决策的影响，不如为沟通系统提供资源并做出努力，以确保点解决方案产生的不良结果——缺乏同步性或资源分配不当——不会发生。现在，你能够更好地让关键决策与人工智能预测精准结合，这是因为通过高效的沟通和系统设计，潜在的负面成本被最大限度地降低了。预测和协调的结合就是系统解决方案。每个决策都会得到改善，因为它对预测做出了反应，同时也没有影响可靠性。

模块化的价值

模块化是一种围绕着由人工智能预测驱动的决策而建立的屏障，以避免该决策与组织内其他决策不一致所带来的成本。模块化降低了协调成本，但如果驱动了一个决策的人工智能预测，同时也让其他决策以类似的方式进行的话，则可能会牺牲协同效应。在无法协调的情况下，模块化会使某些决策从人工智能中受益，而使其他决策免受可靠性降低的影响。

赫伯特·西蒙是唯一同时获得诺贝尔经济学奖和计算机科学图灵奖的人，他曾经讲述了一个关于组织应对更复杂情况的寓言故事。[4]在这个寓言故事中，有两家制造高质量手表的制表商。两家制造的手表都供不应求，经常接到新客户的询价。其中一家生意兴隆，而另一家却日渐衰败。为什么会这样呢？

手表由上千个零件组成。一种方法是一次性组装每一只手表，这样可以提高手表的质量。如果制表师在制作过程中被打断（比如另一个客户来访），他们就必须从头开始组装。另一种方法是将手表分解为较小的部件，每个部件约有 10 个零件。然后将它们组装在一起，这可能需要花费更多的时间，而且最终的成果可能没有那么完美。但这样做的好处是，如果制作过程被打断，那么损失的只是一个小部件。最终，这是一个更快的过程，使制表师能够制作更多的手表。第二种方法被称为模块化，它更具弹性和可扩展性，特别适用于更复杂的产品。[5]

如果你要一次性做完所有事情，就必须协调所有的决策，一些错误要求可能会导致问题的产生。相比之下，如果你可以将自己的工作组织成模块，那么各个部分就可以独立进行，而不必考虑其他地方的情况。这并不意味着它们的工作对于最终结果没有影响——如果一个模块无法完成工作，那么整个产品就可能会失败。但这意味着一个较大的问题会变得更小、更易管理。

另一个优势来自系统对模块中变化的适应能力：模块可以改进自身而不干扰系统的其他部分。也就是说，我们可以对模块进行创新。

历史上有很多例子表明，模块化使创新变得更容易。例如，当我们从模拟电话转向数字电话时，只需更改拨号设备，而无须改变网络本身。但在其他时候，由于缺乏模块化，创新受到限制。当飞机从螺旋桨升级为喷气式发动机时，工程师认为飞机的机身结构可以按照以往的方式生产。然而，新发动机产生的振动非常不同，整个飞机结构不得不重新设计。这就降低了转型的速度。[6]

模块化为餐厅提供了采用人工智能，而不受人工智能长鞭效应影响的机会，但这并不是它们自己可以决定的。如果一家餐厅想要更换菜单，其供应商就需要拥有自己的模块化系统来处理需求的变化。在我们的例子中，由于整个行业的需求变化，牛油果的供应受到了限制。如果在许多地区都有足够多的餐厅得到供应，即使个别餐厅的需求变化很大，总体上也会更加稳定。规模可以为供应链中的模块化提供机会。一般来说，对于人工智能的采用，模块可以帮助解决因决策相互关联而产生的问题。[7]

设计的价值

如果所做的决策不需要与系统中的其他决策保持一致，那么采用人工智能来做决策将会更容易。这是一个程度的问题。当然，从概念上讲，整个系统能够一起运作会更好。问题是，如果这种情况无法实现，是否有可能获得人工智能所带来的好处，且这种好处大于其他地方可能出现的任何成本。

为了理解这一点，我们可以考虑亚马逊的运营方式，它向全球供应数百万种产品。亚马逊会采购这些产品，将其存储在仓库中，接收客户订单，并向客户发货，它还会帮助客户弄清楚要购买什么，即为客户提供推荐产品。

从概念上讲，亚马逊所面临的问题与我们餐厅的问题类似。它希望能够在客户需要时向其提供所需产品，但产品并不会神奇地出现。供应链跨越数千千米和数月时间。因此，如果无法及时供应向客户推荐的产品，那该怎么办呢？

人们很容易想到的解决办法是：不要推荐。如果你没有现货，就不要向客户推荐该产品。但这种方法存在一个问题：你如何得知客户真正想要的产品无法供应？如果你只推荐你有的产品，你就会错过发展和壮大的机会。

这就是为什么亚马逊会推荐经常缺货或需要很长时间才能到货的产品。亚马逊会向客户通知可能出现的延迟，从而协调决策。客户很可能会选择有存货的产品，但偶尔也会选择其他产品。然后，亚马逊会了解需要投入多少成本来为这些产品建立库存。

实现这种平衡需要精心的设计。亚马逊拥有一个模块化的组织，这使其能够将更好的人工智能预测融入推荐中，同时最大限度地减少对整个组织其他部门的影响。但如果走得太极端，那就太过了。因此，它所做的库存和订购选择不能完全独立于人工智能推荐的运作方式，因为客户的选择和反应会产生需要物流部门进行沟通并采取行动的信息。

采用人工智能通常需要一个系统解决方案来找到模块化和协调性之间的最佳平衡。模块化使决策免受人工智能带来的变化性影响。它降低了可靠性的重要性。相反，协调性直接导致了可靠性。成功的人工智能系统在可能的情况下实现协调，在必要的情况下实现模块化。

航行系统

帆船制造商和船员已经把他们的技艺打磨了五千年。即使商业航运不再依赖风力推动，创新也从未停止。美洲杯赛的冠军赢得了帆船比赛的最高奖项，也是国际体育界最古老的奖杯。比赛既要看帆船技术的发展，也要看船员的技能。

船舶设计耗资数百万美元。由于人们对风、水和船的物理学原理已经了如指掌，因此竞争对手在建造船只之前就利用模拟器确定了最有效的设计。模拟器使航海者能够在没有实际建造船只的情况下进行测试。这就使拥有最好模拟器的团队有了优势。新西兰队在 2017 年利用其模拟器获胜。

当船队为 2021 年的比赛做计划时，它们想知道是否可以加快设计过程。它们与全球咨询公司麦肯锡合作，发现了创新的主要瓶颈：人类船员。人类在模拟器中航行是需要时间的，无法加快人类对模拟航行条件及船只的反应速度。

利用类似击败世界顶级围棋选手的人工智能技术，船队教会了一台预测机器航行。它们不需要管理船员。这个机器人不需要睡觉或进食，在人类船员只能模拟几次的时间里，它可以运行数百次模拟。8 周后，人工智能开始在模拟器中击败人类船员。

这时，事情开始变得有趣。人工智能船员开始教授人类船员新技巧。以前，船舶设计的创新是以人类的速度进行的，如果需要学习如何最佳地使用新设计的船舶，那么这个过程可能会持续几个小时、几天或几周，因为人类船员需要尝试不同的方法并进行学习。

相比之下，人工智能可以尝试不同的船型和比赛策略。它加快了设计迭代的周期，并让针对新设计的特定航行动作得以开发。然后，一旦人工智能找到了更好的解决方案，人类船员就可以从人工智能船员那里学习并复制新技巧，用于驾驶模拟船只。正如一名船队成员所说："加速学习过程是非常有价值的，既能让船队尽可能多地探索设计空间，又能让船员在给定的设计下最大限度地发挥水平。"[8] 新西兰队在比赛中以七胜三负的成绩赢得了冠军奖杯。

在这个人工智能系统解决方案的例子中，人工智能导致了不止一个决策的变化。具体而言，比赛准备涉及两类决策：一类是关于船舶设计的决策，另一类是关于航行操作的决策。长期以来模拟器一直用于船舶设计，人类则一直负责掌握航行操作。人工智能船员实际上没有驾驶船只参加比赛，人类仍然驾驶真实的船只。但是，人工智能加快了创新过程，使船舶设计和航行操作协调得更好。模拟船只和人工智能船员的完整系统使两者都得到了改进。

系统孪生

帆船模拟器是"数字孪生"的一个例子，它是物理对象或系统的虚拟表示。[9] 数字孪生提供的信息代替了物理资源，通过适当的传感器，它们实现了实时监测和预测性维护。这些虚拟表示还可以做更多的事情。它们提供了系统层面模拟的框架。埃森哲公司将其称为“无风险的创新游乐场”。[10] 正如数字孪生研究所的执行董事迈克尔·格里夫斯所说：“系统不是一下子就形成的。它们要经历创造、生产、运行和废弃的生命周期逐步发展。对于‘纯物理’的系统而言，这就是一个线性发展过程。而数字孪生允许更多的迭代和同步发展。”[11]

结合人工智能，这为设计一种新的做事方式创造了机会。正如新西兰队在为 2021 年美洲杯赛做准备时发现的那样，模拟系统使船队能够找到协调决策的最佳方法，如船舶设计和航行操作。通过这种方式，它们可以减少试错。[12] 当管理者就如何改变系统提出想法时，就可以模拟该想法的影响，而无须建造机器或面对运营停工的风险。

模拟还可以侧重于人工智能的实施。如果在系统的某一部分添加了预测机器，那么模拟可以帮助确定其他需要协调的决策，或者如何使系统更加模块化。

系统之所以复杂，是因为它们是相互影响的决策的组合。想象一个只有一个二进制决策的系统：松开帆（L）或收紧帆（T），则只有两种选择：L、T。现在，想象第二个决策对第一个决策产生影响：保持直行（S）或向右倾斜（R）。现在有 4 个选项，分别是：LS、LR、TS、TR。现在想象有第三个决策，即添加另一个帆（A）或不添加（N），它取决于前两个决策。现在有 8 个选项，分别是：LSA、LSN、LRA、LRN、TSA、TSN、TRA、TRN。

在第一种情况下，我们有 $2^1 = 2$ 个选项；在第二种情况下，我们有 $2^2 = 4$ 个选项；在第三种情况下，我们有 $2^3 = 8$ 个选项。当我们有 10 个相互影响的决策时，我们有 1 024 个选项，而 20 个相互影响的决策则会产生 1 048 576 个选项。帆船比赛可能涉及数百个需要协调的决策，而且很快就会出现比可观测宇宙中的原子数量还多的选项。

这里的关键是，决策相互影响的系统会迅速变得非常复杂。这一重要见解为模拟在系统设计中产生如此大的影响奠定了基础。它利用了我们在第三章中讨论过的相同见解，即为什么人工智能在玩游戏方面如此成功：模拟新数据相对容易。虽然对所有选项进行实验以找到最佳选项的成本很高——在某些情况下，物理上是不可能的，但我们可以使用数字资产（包括物理环境的数字孪生）来模拟不同的选项，并使用人工智能预测每个选项的结果。因此在数字世界中，我们可以探索比在物理世界中更多的选择，同时，相较于在没有模拟时可能做出的选择，我们找到更好组合的机会将更大。

虚拟新加坡是对新加坡地形、水体、植被、交通基础设施和建筑物的模拟，甚至包括城市中的建筑材料。这种数字孪生是一种工具，使管理者能够模拟一个人工智能系统解决方案，并避免一些代价高昂的失败。开发该模型耗费了数千万美元。该模型使规划者能够评估新公园或建筑物对交通和人群的影响，并探索蜂窝网络的覆盖范围。它还可以用于评估添加预测机器对新加坡市民和居民生活的影响。例如，人工智能可以更好地优化公共交通。该模型可以评估该优化是否需要对交通管理进行额外的更改，换句话说，它可以评估公共和私人交通系统能否被模块化处理或需要进行协调。[13] 然后，通过采用模块化或确保必要的协调性，它可以开发出一个更好的人工智能交通系统。

韩国的斗山重工和微软共同开发了一个风力发电厂的数字孪生系统，它体现了模拟系统的各种优势。[14] 该模拟将基于物理的模型和机器学习结合起来，以预测发电厂每台涡轮机的产量。通过比较涡轮机的预期产量和实际产量，操作员可以对控制进行微调并优化产量。同时，该孪生系统还促进了整个风力发电厂设计和开发的创新，并提高了可靠性。此外，它还能实现决策的协调。对能源产量的准确预测使斗山能够增加对能源电网运营商的产量承诺，同时避免因未能履行承诺而被罚款。它降低了构建系统解决方案的风险，并坚持采用价值较低但更简单的点解决方案。例如，更好的预测使决策者能够决定哪些涡轮机应该运行，哪些需要维护。这反过来又使公司能做出决策来履行对能源电网的承诺。

适用于人工智能的系统

模拟并不是构建人工智能驱动系统的唯一方法，但它展示了一些机会。通过为决策者找到正确的协调方式，新西兰队找到了取得胜利的途径。如果系统是模块化的，则可以采用人工智能，但如果能进行协调，其影响可能会更大。挑战在于要找出所需的协调类型。

本章要点

- 决策并不是在真空中运作的。通常，一个决策的结果会影响其他多个决策或行动。这就是为什么有时我们使用预定的决策（规则）而不是实时决策，因为规则增强了可靠性，所以我们接受了更差的局部决策，以换取整个系统的更强可靠性。可靠性是相互影响的决策系统的一个关键特征。
- 针对引入人工智能决策而导致的可靠性降低问题，有两种主要的系统设计方法：协调和模块化。协调包括确定总体目标，然后设计信息流、激励机制和决策权，以使系统中的每个决策者都拥有优化总体目标的信息和激励措施。模块化是围绕人工智能决策建立的一道屏障，以避免该决策与组织中其他决策不协调所带来的成本。模块化降低了协调成本，却损失了协同效应。

- 系统是相互影响的决策组合。请考虑一组相关的二进制决策：3 个相互影响的决策会产生 8 种不同的组合，10 个相互影响的决策会产生 1 024 种组合，而 20 个相互影响的决策会产生 1 048 576 种组合。决策相互影响的系统可以迅速变得非常复杂。这就是模拟对于系统设计影响巨大的原因。我们可以使用数字孪生来模拟不同的组合，并使用人工智能预测每种组合的结果。

第十七章

白　板

想象一下你去做体检，医生对你说：“你在三年内生重病的概率很高，感谢您前来就诊。”然后医生走出去，开始诊断下一个病人。你肯定会目瞪口呆。为什么他不告诉你是什么导致你生病？为什么他不解释你可以做什么来降低生病的概率？

虽然这个故事似乎让人难以置信，但在保险行业中却每天都在发生。保险公司会对一些人收取比其他人更高的保险费。为什么？因为它们预测某些客户相比其他人更有可能遭受损失。保险公司是如何知道谁会面临更大风险的呢？因为它们投入巨资收集和分析数据，以预测客户遭受损失和提出索赔的可能性。

保险公司处于数据科学的前沿并不奇怪，预测是它们的工作。然而，令人惊讶的是，它们并不与客户共享它们对风险的见解。这些宝贵的信息可以帮助客户降低风险，而不仅是为自己投保。

例如，家庭保险公司正在采用人工智能来生成精准度更高的预测。现在，许多公司能够对风险级别或次级风险级别（例如，电线接触不良所导致的电气火灾风险，漏水管道所导致的水灾风险）进行风险预测。因此，如果一个家庭保险公司预测某位房主会有特别高的电气火灾或水灾风险，那么该公司与其因为该房主提出索赔的可能性很高而向他收取高额的保费，还不如与客户共享这些信息，以便客户采取行动，从而降低风险。这类客户可以投资购买低成本的设备，以尽早发现严重火灾或水灾的隐患。保险公司甚至可以决定补贴这些风险缓解工具，因为预期损失的减少可能超过设备的成本。

令人惊讶的是，很少有保险公司在这个领域取得显著进展。相反，大多数保险公司将精力集中在构建和部署增强传统核保预测的人工智能上。它们正在建立点解决方案。为什么大多数保险公司没有抓住机遇来更好地服务客户，将业务模式从集中客户风险和将客户风险转嫁给承保人，转变为降低客户风险呢？可能是因为代理人不喜欢这种方式，因为降低风险意味着较低的保费，这可能导致收入减少。但总体而言，这似乎会为客户创造重要的价值。

在许多情况下，保险公司没有充分意识到这个机会，因为它超出了正常的业务模式。除了对代理人的激励措施，该行业还有许多商业规则、政府法规和行事方式，从局外人的角度看可能是显而易见的，但从内部人士的角度却很难看到。因此，我们提出了白板方法。为进一步阐释这一方法，我们来介绍人工智能系统探索画布。

像经济学家一样思考

作为经济学家，我们的一项技能是将令人兴奋和难以理解的事物解构为乏味和可理解的内容。虽然这使我们不太适合参加派对，但它有时确实使我们能够发现那些被他人忽视的东西。我们设计了一个框架，帮助你做到这一点。人工智能系统探索画布对于你想要发展系统思维以评估人工智能的价值是有帮助的。

在本章中，我们将为你提供一个工具，你可以用它在一块白板上进行探索。具体而言，如果你拥有高精度的预测机器，为了达成目标，你需要在你的行业中做出基础的重要决策。就其本质而言，人工智能预测将在决策层面进入任何组织。但了解一个决策或决策类型如何影响其他决策，是了解人工智能如何对整个系统产生影响的第一步。

当你试图评估采用人工智能预测可能导致的颠覆，以及考虑是否需要进行系统层面的创新时，有两个原因使这个练习更有价值。一个原因是，在一个组织中可能有许多规则，一些职能部门可能已经建立起来，以隐藏与这些规则相关的不确定性。白板方法要求你回到第一原则，考虑完成组织任务所需的决策。在这个过程中，其中一些决策可能已经成为规则，并且一些决策可能提供了采用预测的机会，将这些规则转化为决策。（不过，我们将把如何使用白板来达到这种目的的内容放到下一章。）

另一个原因是，你可以用它来评估特定人工智能解决方案对系统的影响。通过使用一个白板，你可以从更宽泛的角度来看待受人工智能预测影响的决策如何与组织的其他决策或规则互动。在本章中，我们将展示白板方法的用处，来评估特定人工智能解决方案对系统的影响。

以保险业为例，一些企业家开发了应用程序，由用户自己拍摄受损的汽车或房屋，公司使用这些照片来计算索赔金额，并即时支付维修费用。消费者不再需要等待评估员或四处找报价，只需打开应用程序，拍摄一些照片即可。另一种应用程序是监控驾驶或住宅的设备。这些应用程序可以迅速确定你是否正在做有风险的事——不仅告诉你要停止，而且警告你，如果这种行为持续下去，你下个月或明年的保费就会有所不同。

可以很容易地看出，为什么企业家会针对保险公司提供这些应用解决方案。但问题是它们是否有用？要解决这个问题，首先，你需要理解一个行业（如汽车行业或家庭保险业）的本质。这意味着弄清楚该行业需要做出的决策，以及这种特定的人工智能解决方案是否为其中一个决策提供了信息。然后，你可以制订一个行动计划。是否已经有人负责该决策？有无明显的单一决策者？也许已经存在规则？如果你想将该规则改为决策，那哪些方面可能会被影响？要回答这些关键问题，你需要一个起点。这就是我们要为你提供的内容。

人工智能系统探索画布

随着时间的推移，我们逐渐意识到，实施真正变革的人们喜欢在画布上规划他们的方法。画布是一张空白表格，你可以从任何地方开始，但在流程结束时，你必须想好了整个表格的内容。它不是一本按部就班的手册，而是一种组织思维的方式。

表 17-1 展示了一张表格，可以帮助你列出一个行业中的关键决策。其中一个关键任务是确定你的业务使命。这不一定是一个精确的陈述，而是对你的目标有个概括性的提醒。

表 17-1　人工智能系统探索画布

尽可能将业务简化到最少量的决策，看看是哪些？

1. 使命			
2. 决策			
3. 预测			
4. 判断			

我们的想法是确定实现该使命所需的决策。显然，可能会有很多决策（在理论上，可能会有数百万个）。在这里并不是要确定所有决策，而是要陈述所需决策的类别。如果你拥有非常强大的预测机器来增强你的决策能力，那么实现你的使命所需的最小决策量是多少？只需确定最重要或核心的决策即可。

确定决策之后，就是深入研究的时候了。为了做出决策，你需要收集什么信息？这不仅包括你拥有或可以轻易获得的信息，而且包括你可以想象到的重要信息。大多数决策是在不确定的情况下做出的。然而通过预测，你就可能拥有做出更好决策所需的信息。预测是人工智能可能提供的东西，因此这个练习将预测与组织中的核心决策联系起来。

总之，没有完美的预测。如果你拥有完美的预测，做决策将变得容易，并且有可能实现自动化。尽管画布是一个相对理想的工具，但它的工作并不是不切实际的。因此，对于每个决策，你需要阐明所涉及的主要权衡项。事实上，我们提倡使用一个“错误框架”。如果我们的预测错误或不存在，我们可能犯什么样的错误？这会让你了解到决策的风险程度。在第四章的雨伞选择中，如果你的天气预报错误，你要么带了多余的伞，要么被淋湿了。你的判断就是如何对这些错误进行排序。对于画布上的每个决策，你都需要确定犯错的后果，并通过明确计算成本或以其他更主观的方式对它们进行排序。

接下来，你可以将任何潜在的基于人工智能的预测与决策关联起来，以评估：你的组织是否明确采取了这些决策，当前谁拥有这个决策；如果你使用人工智能来做出决策，那么对你当前组织的其他部门可能会造成什么样的颠覆？（我们将在第十八章和结语中讨论这最后的几步。）目前，你需要一个起点——一块白板——和你所在行业的基础系统。

保险业

从许多方面来看，没有比保险业更稳定的行业了。从几个世纪前开始，它已经发展为现代生活的重要组成部分。消费者的保险产品很简单。人们每年向保险公司支付保费，如果他们发生车祸、房屋损坏或被盗或者死亡，就会得到赔偿。信息技术革命带来了一些进步，计算精算表变得更容易，可以通过不断调整修改来提供更多的保险产品。但最终，这些产品的主要变化来自超出客户控制范围的因素，如年龄或居住地。

提供保险产品需要什么呢？我们以家庭保险业为例。该行业的一个企业使命可以这样表述："为房主提供安心服务，防止他们最有价值的资产遭受灾难性的损失。"你可以将这句话写在画布的顶部方框中（见表 17–2）。

在表 17–2 中，我们确定了三类决策——营销、核保和理赔。这些通常是保险公司的各个部门，这让对这个行业的分析变得简单一些。

营销负责获取客户：找到那些需要保险的人，并向他们销售产品。营销人员的决策围绕着在哪些地方投入资源以锁定客户。核保创建保险产品并评估客户风险状况以确定保费，同时确认已获得的客户是否已成为投保客户。换句话说，核保人员负责定价保险产品，这意味着他们了解对特定客户或具有特定特征的客户群体进行投保的成本。理赔部门决定是否支付索赔。实际上，它处理的是在其他企业中被称为"客户体验"的事务：把保险金给客户是多么令人愉快，但这样做也许是为了尽可能不提供这些保险金。

表 17–2 还概述了对于这些决策的重要预测，以及对预测后果（或

广义上的决策错误的后果）的判断。房屋等保险业务有一条非常简单的盈利路径。你希望销售那些预期赔付损失小于保费收入的保单。客户关心保费，但也关心服务，即注册保单和提出索赔的便利程度。在这个竞争激烈的行业中，一家成熟的保险公司无法做太多来改善保费水平，但如果能减少预期损失，将会获得更多利润。

表 17-2　人工智能系统探索画布：家庭保险业

尽可能将业务简化到最少量的决策，看看是哪些？

1. 使命	为房主提供安心服务，防止他们最有价值的资产遭受灾难性的损失		
2. 决策	营销：决定谁是营销的目标	核保：决定价格（保险费）	理赔：决定是否支付索赔
3. 预测	预测每个潜在客户的购买意愿	预测房主在一定价值范围内提出索赔的可能性	预测已提交的索赔有效并应获赔付的可能性
4. 判断	确定以不会购买的人为目标客户的成本与不以原本会购买的人为目标客户的成本	设定策略（增长与盈利）：确定定价过低（损失）与定价过高（失去客户）的成本	确定不支付合法索赔的成本（受挫的客户、声誉受损）与支付非法索赔的成本（经济损失）

保险公司如何做到这一点呢？它希望找到预期损失较低的客户，并向他们销售保单，同时确保只向预期损失较高的客户销售更高保费的保单。但如果没有关于谁具有较低或较高预期损失的良好信息，很多客户就将支付类似的保费。预期损失较低的客户支付得太多，而预期损失较高的客户支付得太少。此外，在没有正确信息的情况下，竞争无法解决这个问题。因此，公司希望预测哪些客户提出索赔的可能性较低，并在营销中将他们作为目标客户。这些预测与营

销和核保决策有关。该公司还希望确保在适当时候支付索赔，而不是其他情况——它希望避免欺诈。理赔失误最终会影响公司的竞争能力，因为这会增加其成本。因此，它可以判断错误对保险业务的影响（在表 17–2 中列举了这些例子）。

通过梳理这些决策，我们还可以看到它们是如何相互关联的。正如我们先前所提到的，人工智能预测为保险业提供了机遇，特别是对核保人员来说，他们的工作就是预测客户的风险状况，这是人工智能的一个近乎完美的应用。与此同时，通过加快这个过程，营销人员的工作变得更容易，销售人员可以迅速回应潜在客户的需求。不同司法管辖区的监管问题制约着公司如何使用人工智能来进行风险预测，但核保和营销在其价值上是一致的。人工智能还可以更轻松地评估索赔的有效性，这也反过来影响了营销和核保。但实际上，理赔部门只是在自己的领域内做得更好而已。

我们可以看到之前提到的人工智能应用如何适应这个系统，通过拍照评估索赔的方式该应用程序可自动做出理赔决策。这只是做出决策的另一种方式，完全符合理赔部门的要求。客户在有了更好的理赔体验后，营销工作也变得更容易，营销人员可以选择将资源分配给最看重更好体验的客户。当然，这可能会给核保带来更复杂的问题：那些更容易提出索赔的客户会提出更多索赔吗？营销会以更有可能提出索赔的人为目标客户吗？理赔部门的成本会上升（索赔次数增加）还是下降（评估成本降低）？因此，虽然这个应用程序完美地适用于理赔决策，但它的采用可能会影响其他决策。有趣的是，它并没有从根本上改变这些决策的内容、所涉及的判断或所需预测。这样的应用可能会在不需要进行系统变革的情况下被采用（或不被采用）。

那么，可以对客户的风险状况和行为进行监控及反馈的应用程序如何呢？保险业当前系统的核心是风险评估，通常是在客户获取阶段进行的，尽管在某些情况下，在保险合同续签时会重新评估。客户在购买房屋保险时，可能会通过一些方式来降低保费，比如证明自家安装了能立即呼叫外部帮助的报警系统，或者安装了一旦出现水管爆裂就能自动关闭水源的水监测系统。但不良事件的风险不太可能由房屋特征决定，而是由行为决定的。例如，美国消防协会报告称，在美国，房屋火灾的起因中有49%是烹饪。[1]深入研究这些报告，你会发现这不是泛指任何一种烹饪，而是特指用油来烹饪，特别是油炸，这是有道理的，也不是什么新闻。可问题是，很少在家做饭的人，为什么要与每天都要油炸食物的大家庭支付相同的保费呢？

答案非常简单：除了彻底拆除厨房，保险公司无法监控某人是否在烹饪，更不用说他们是否在用油来烹饪了。公司所能采用的最好办法是根据这些事实调整保险赔付，但这意味着它不是针对烹饪中的不幸事件而为人们提供保险的，而是针对他们整体的风险状况。

但人工智能技术可以弥补这些不足，并以经济高效的方式监控持续存在的风险。其中一些是自动干预机制，包括监测水源（如 Phyn）或电气事故（如 Ting）在内的人工智能，其工作原理类似于烟雾探测器，保险公司已经在鼓励客户使用这些设备。对于汽车保险，一些驾驶员监控设备不仅会考虑驾驶里程，还会考虑驾驶质量。安装这些设备，你的保费可以相应地减少。

虽然烹饪、取暖、吸烟或使用蜡烛等行为都具有很大的风险，但所有这些行为都可以被监控，而且与风险评估相关的指标可以持续发送给保险公司，保费也可以得到实时调整。当然，这种监控方式会带来隐私及相关方面的问题。但就像汽车保险公司能够让客户自愿同意监控他们的驾驶一样，它们也可以对房屋进行同样的监控。如果这种监控意味着，那些发现保费降低25%的人认为调整行为并降低25%的火灾风险是值得的，那对所有相关方来说都是一笔不错的交易。[2]

然而，之所以过去没有提供这些根据行为做出反应的保险产品，是因为此类监控曾经并不可行。其中许多产品不一定涉及消费者，却涉及企业保险，而这些企业风险是很难进行评估的。

创建这些新产品需要当前各部门的协调，特别是营销和核保之间的界限变得模糊。如果营销部门设想出一种利用某种新人工智能预测技术的新产品，就需要核保部门调整自己的程序来适应它。此外，哪个部门将负责监控和调整保费？是具有确定保费专业知识的核保部门，还是具有验证经验的理赔部门？随着部门之间界限的模糊，保险公司面临重新分配决策权，并改变信息处理人员的压力。

保险公司之所以没有正面解决降低风险的问题，利用技术来推出新产品，也许是因为这在现有系统中不可能或很难做到，因为现有系统把风险水平作为一个生活事实。此外，降低风险意味着降低保费，这可能会遭到代理人和系统中其他人员的反对，因为他们的报酬与保费挂钩。但如果一家保险公司将风险降低而非风险转移置于核心位置，那么它将设计一个激励系统，将每个人的利益都与风险降低紧密结合。虽然由于风险变低，平均保费就会降低，但公司可能会获得更高的利润和更多的保单。通过增强预测，保险公司将比房主更了解与房屋相关的特定风险源。因此，将价值主张的重点从风险转移转向风险管理，对社会将大有裨益（也是一种好的商业策略）。为了实现这一点，保险公司需要一个新的系统，这不仅需要新技术，还需要组织变革。

定制化的影响

人工智能预测的一个优势是能够提供更加定制化的产品，更准确地反映客户的背景。我们已经在个性化广告和创业教育中看到了这一点。通过将产品信息与对客户需求和喜好的预测相匹配，公司可以提供更个性化的商品或服务。因此，它创造了价值，因为客户得到了符合他们自己偏好的东西。

定制化通常需要增强流程的自动化程度。如果你从提供几百种或几千种不同的产品到提供数百万种产品，并将它们与较少的消费者匹配，人类就会很难管理这个过程。因此，你需要一个能够自动预测和向客户交付产品的系统。这个自动化过程在设计上是具有挑战性的，而且必然会对已经在现有组织中工作的人员产生影响，它会产生权力分配上的冲突，这可能阻碍新系统的设计。

使用人工智能系统探索画布，我们可以分析个性化定制对保险业的潜在影响。保险公司长期以来一直试图获取有助于核保和确定适当保费的信息，房屋的位置（涉及水灾和火灾风险）、是否安装了烟雾检测系统及建筑材料都可能影响核保。但人工智能预测有更大的潜力。[3] 通过在理赔方面收集更多数据，保险公司可以大幅提高对特定房屋预期损失估计的准确度，这正是像 Lemonade 这样的保险科技公司试图做的事。[4] 但我们仍然不知道人工智能是否能够以有意义的方式影响核保。

假设一家保险科技公司可以检查一栋房屋，提供更精确的预期损失，并相应地调整保费。同时，假设这使保险公司能够根据房屋特征更清楚地为保单定价，向房主传递是否值得做出更改以优化他们保费的信息。这就会有两个广泛的影响：一是竞争影响，二是组织影响。

竞争影响是，如果保险科技公司识别出低风险客户，它就可以通过保费折扣的方式来吸引他们，而那些不能识别这些客户的公司则无法做到这一点。这是一项复杂的工作，因为如果保险科技公司产生足够大的影响力，那么老牌保险公司可能会模仿保险科技公司提供的保费，通过观察保险科技公司来安全地学习如何锁定目标客户。尽管如此，这个过程仍然可能给予保险科技公司竞争优势。

现有的保险公司可能会受到刺激而做出回应。与保险科技公司不同，它们不是初创企业，因此它们必须做出改变以采用更精确的核保方式。出售保单的传统流程涉及从客户那里收集一些基本信息，让人类核保员评估这些信息，然后告知客户所需支付的保费金额。这个过程是向客户进行营销的一部分。保险科技公司把这个过程自动化了，在向客户提供保费金额之前不需要有人签字。这具有速度优势，但缺少了人的因素。[5]许多保险科技公司吹嘘这是一个关键优势，并宣传它们能够用更少的人员去提供保险。例如，2018 年，Lemonade 声称每个员工可以签发 2 500 份保单，而 Allstate 只能签发 1 200 份，GEICO 仅能签发 650 份。人工智能在保险业的应用将导致核保人员、销售人员及其直属上司的减少。

很多人会抵制变革。我们可以想象，如果他们被排除在圈子之外，他们会提出哪些反对意见。现有的保险公司已经表示了怀疑。一家保险行业刊物称 Lemonade 的首次公开募股是“独角兽吐彩虹”。[6][①]我们可以说，制定保费和销售保单并非完全客观，还有一些主观因素可以由熟练的核保人员识别出来。保险公司会声称，Lemonade 不会因为忽略这一点而减少预期损失。那么，预期损失增加从而导致更高保费的现有客户怎么办？一家现有保险公司能否在不损害自身品牌的情况下做到这一点？所有这些反对意见之所以有一定的道理，是因为基于人工智能的新组织能否发挥作用存在不确定性。矛盾之处在于，如果一家知名的保险公司不想把现有组织的命运押在不确定性上，而人工智能技术被证明有利的话，那么再采取变革就可能太迟了。当现有

① 独角兽与彩虹是一种常见的组合，其指代的是欢乐、积极的事情或事物，在这里“独角兽吐彩虹”表达了对Lemonade首次公开募股的质疑。现有的保险公司认为，Lemonade 作为一家独角兽企业，其首次公开募股可能只是一个噱头。——译者注

组织采纳可能需要新系统的创新时，它们就会面临这个困境。新系统会赋予创新者多少权力，创新者就会从掌管旧系统的人手中夺走多少权力。

本章要点

- 大多数公司创建的系统既包含许多相互影响的规则，又包含管理不确定性的相关架构，以至于很难思考如何撤销其中的部分内容，并思考人工智能预测所带来的新系统设计的可能性。因此，与其思考改变一些规则或架构的影响，以及这些改变将如何影响系统的其他部分，我们建议不如从头开始：用白板方法。人工智能系统探索画布包括三个步骤：第一，明确任务；第二，假设你拥有超强大、高精度的人工智能，将业务简化，只剩实现任务所需的最少决策；第三，具体说明与每个主要决策相关的预测和判断。
- 在房屋保险中，业务可以简化为三个主要决策：营销，决定如何分配营销资源以获取客户、优化利润或实现增长；核保，为每份房主保单确定保费，实现盈利或增长的最大化（如果预测风险过高，保单将无利可图，考虑到价格的监管限制，保险公司甚至可以选择不提供该保单）；理赔，决定所提交的索赔是否合法，并在合法的情况下支付索赔。如果有三个超强大、高精度的人工智能可以预测：潜在客户的终身价值 × 转化概率，提出索赔的可能性 × 索赔金额，以及索赔的合法性，那么你可以重新设计一个改进过的、快速、高效、低成本且高利润的房屋保险业务，其在价格和便利性方面都超越竞争对手。这正是一些新的保险科技公司的目标。

- 人工智能系统探索画布还可以洞察新的业务机会。例如，如果能够预测提出索赔的可能性 × 索赔金额的人工智能变得足够好，以至于它可以对风险级别或次级风险级别进行风险预测（例如，传感器能提前检测出电气火灾风险或漏水管道导致的水灾风险增加），那么公司就可以预测哪些风险缓解方案将获得足够高的投资回报率，以证明实施这些方案的成本是合理的。然后，保险公司可以补贴风险缓解设备并降低保费，为客户提供全新的价值主张：风险缓解。保险公司不仅将风险从房主转移给承保方，还降低了风险，这是一项有价值的服务，而在保险业历史上，除个别案例，一直没有提供过该服务。要充分利用这一机会，需要设计一个专为风险缓解而优化的新系统。

第十八章

预见系统变化

一位患者因胸痛来到急诊科。这是心脏病发作吗？医生可以通过检查来判断。阳性检查结果将使医生快速采取治疗措施，使患者尽快康复。但这些检查既昂贵又具有侵入性。成像检查会使用辐射仪器，可能增加患者患癌的长期风险。运动平板试验存在微小但明确的心搏骤停风险。心导管检查除了涉及辐射风险，还存在动脉损伤的风险。[1]因此这不是一个简单的决策。

医生需要权衡这些效益和成本。患者心脏病发作的可能性有多大？这是一种预测。如果预测认为可能性很高，那就倾向于进行检查和治疗。如果可能性很低，那么检查很可能是一种浪费，而且会无故给患者带来风险。

在决定是否进行检查时，检查的好处在于揭示关于进一步干预（如植入支架）的信息。如果患者确实心脏病发作，那么对心脏病的治疗将使其受益；如果没有发作，那对其就没什么好处。因此，检查的价值完全源于它所创造的决策价值，即将干预措施针对那些最能从中受益的患者。

检查并非免费。压力测试可能需要数千美元，心导管检查可能需要数万美元。为了避免高出十倍的费用，你会愿意为压力测试买单。

这仅是货币成本。有些检查还需要通宵监测和观察，而检查本身也会带来风险：在所有成像检查中，压力测试承载着最高剂量的电离辐射，会显著增加患癌的长期风险。在心脏病发作的情况下进行运动平板试验会带来微小但明确的心搏骤停风险。直接进行导管插入的好处在于，治疗（通常是植入支架）可以作为诊断的一部分同时完成。

然而，你并不一定想要避免压力测试及其相关风险，因为导管插入手术也具有风险。侵入性程序涉及大剂量的电离辐射，同时静脉注射造影剂可能导致肾功能衰竭，并存在动脉损伤和导致严重中风的风险。因此，在决定是否治疗心脏病之前，首先要决定是否对患者进行心脏病发作的检查，以及是先进行压力测试还是直接进行心导管检查。

检查的决策权在医生手中，检查通常是手术的前奏，但医生在决定如何去做时会运用其判断力。患者的年龄是多少？是否需要更多的护理（如在疗养院）？患者是否患有其他疾病（如癌症）？所有这些都会影响最终的决策。

现在，假设医生在预测这些复杂问题方面有了超人类的帮助，也就是说，假设一种人工智能可以快速评估患者是否需要进行检查。这里的潜在好处显而易见。这并非假设。经济学家塞德希尔·穆来纳森和齐亚德·奥伯迈尔基于急诊科医生在诊断患者时所拥有的相同信息，建立了一个人工智能系统。[2]他们发现，他们的人工智能在预测心脏病发作方面比医生更准确。医生的决策中充满了大量的过度检查，患者被迫做了不必要的检查。考虑到美国医疗系统中的某些激励机制，或许这个结果是可以预见的。没有哪个医生愿意面对不进行检查所带来的责任，尤其是在你做的检查越多就能收入越多的时候。

令人惊讶的是，穆来纳森和奥伯迈尔还发现了大量的漏检问题。

数千名被人工智能预测为高风险的患者从未接受过检查。被人工智能算法预测为高风险患者的最终结果更为糟糕，不是回到医院就是面临死亡。

这个人工智能算法在各个方面都表现得十分出色。它既便宜又快速，并且在这两个方面似乎都不容易出错。你可以将相同数量的检查从低风险患者那里重新分配到高风险患者身上，从而让大家都能取得更好的结果，既能帮助患者，又能减少责任风险。或者，你可以减少检查，但要保持同样的医疗质量。

点解决方案和应用解决方案

这看起来像一个毫无争议的人工智能应用。急诊科的人工智能诊断提供了一个优秀且有效的点解决方案。人工智能能够支持医生做出更好的决策，并在成本较低的情况下逐步改善患者的健康状况。工作流程不会改变，也没有威胁到人的工作。医生在诊断步骤上并没有花费太多时间，因为它与判断是“脱钩”的。

问题在于，这些好处是否值得投入成本来应用一项新工具。医疗保健管理者会面对许多有前途的新技术，每一项技术都需要培训员工和对流程的微调，每一项技术也都有风险。在实际操作中，技术很少像在测试中那样好。管理者可能会决定，诊断心脏病发作的人工智能点解决方案所带来的增量收益不值得去花费成本。

然而，管理者可能会发现人工智能应用解决方案具有吸引力。他们不再使用向医生提供预测的人工智能，而是采用一种人工智能来决定是否需要进行检查。医生不再参与对患者的决策。相反，当患者到达急诊科时，机器会预测患者是否会有心脏病发作的可能性。如果预测结果低于某个阈值，患者就会被送回家；如果预测结果在某个中间范围内，患者就会被送去进行压力测试；如果人工智能预测患者很可能心脏病发作，那么患者将直接接受心导管检查。将患者送回家、进行压力测试和进行心导管检查决策之间的阈值是一种判断。在这种情况下，这种判断可能来自医院的领导层或由医生和其他医学专家组成的委员会。

系统能处理好吗

医院通常分为两个主要部门，它们各司其职。[3] 行政管理部门负责财务方面的工作，包括获取账款（或政府、保险机构的报销）、雇用员工和采购资源。医疗部门负责患者的诊断和治疗。在医院内部，每个部门都有细分，但在决策权的分配上，一个部门掌握着资金和资源，而另一个部门掌握着医疗。这两者之间的冲突是持续存在的。但大多数正常运转的医院已经达成了部门之间的协议，允许各自做出决策，同时受到对方的限制。

对于急诊科的人工智能诊断，我们可以想象潜在的阻力来源。医生从更多的检查中获得一些私人利益，如可以减少医疗事故风险或者可能是额外的收入。如果人工智能的预测比医生更准确，那么医生的培训和经验就变得不那么重要了，相对于构建人工智能的人来说，他们的价值降低了。管理者可能会担心实施的成本。在应用解决方案中，医生被排除在决策之外，他们的培训和经验可能变得无关紧要。已经做出许多决策的医生可能怀疑人工智能能否比他们做得更好。

人工智能的潜力可能更大，但这需要一些系统变革。在大多数医院的急诊科中，当患者去看病时，医生会决定是让患者回家、进行压力测试还是进行心导管检查。在医生做出这些决策之前，行政管理部门会决定能够提供哪些测试。目前，激励机制似乎是一致的。穆来纳森和奥伯迈尔估计，在被医生要求进行测试的患者中，15% 的患者实际上心脏病正在发作。在这个准确率下，医生和行政管理人员似乎都同意先进行压力测试是最好的选择。[4]

一个逐步改进这种预测的人工智能将改善患者的治疗效果，而激励机制却几乎没有变化。在 20% 的准确率下，无论是实施人工智能点解决方案还是应用解决方案，医生和管理人员都可能希望首先让患者接受压力测试。由于这种改进过于渐进式，医生和管理人员可能认为不值得采用。

如果能够构建一个近乎完美的人工智能，那么就有机会改善患者护理并重新设计系统。如果人工智能预测患者心脏病发作的准确率达 99%，那么医生和行政管理人员都会认识到最好直接进行导管，跳过压力测试。一旦人工智能对所有患者的预测都足够准确，每个人都会认为压力测试是不必要的。行政管理部门将停止提供压力测试，医生也不再想要使用它。

在目前的准确率和近乎完美的人工智能之间存在一个中间区间，医生和行政管理人员的激励机制可能会发生变化和冲突。行政管理人员可能认为进行不必要的压力测试的成本更高，这可能是因为行政管理人员不想花费资源，或者是因为他们对责任风险的担忧较小。在这种情况下，若准确率为 50%，医生可能仍然希望进行压力测试，而行政管理人员则希望将患者送去做导管。

解决方案在上述情况下似乎很简单。它提出了一个相对简单的系统变革，即行政管理部门取代医生做出决策。行政管理部门将拒绝提供压力测试，然后，医生只能选择将患者直接送去做导管或让患者回家。在这种情况下，患者会直接进行导管手术，行政管理部门得到了它们想要的结果，医生可能会抱怨，但也只能接受他们所面临的局面。

然而，我们认为这种情况不太可能发生。医生会反对，甚至可能会联络监管机构，讨论患者的权益。当决策者不再保持一致时，现有系统中的决策分配方式就可能不再被接受。这种决策分配方式的变化可能意味着人工智能工具永远无法被采用。鉴于人工智能会随着反馈数据的增加而不断进步，中期的不一致可能会阻碍长期的、非常有益的人工智能的实现。

要解决这个问题，医生和行政管理人员需要共同建立一个新的决策结构，这意味着需要比跳过检测决策更大的系统变革。对于像我们所描述的预测心脏病发作的人工智能工具来说，这种更大的系统变革可能并不值得。

另外，一旦意识到系统变革的可能性，就有机会利用人工智能系统探索画布来重新构想急诊医学的模样。

细究急诊医学

建立画布必然是一种推测性的练习。它涉及对一个复杂的行业进行最基本的描述。正如我们在前一章中介绍的那样，它从使命开始。急诊科的使命可能是“通过高质量、有成本效益的医疗服务，改善急性病患者和受伤患者的治疗效果”。[5]

为了提供这样的医疗服务，行政管理人员和医生做出了成千上万的决策。画布的作用就是将这些决策总结为它们的基本类别。对于急诊医学而言，一种方式是将其划分为两个核心决策（见表 18-1）。一个是治疗决策，即医疗专业人员决定为患者提供何种医疗服务；另一个是资源配置决策，即行政管理部门决定在科室提供何种设备和人员配备的数量。治疗取决于诊断和对医学证据（支持某一诊断的不同治疗方式）的理解。正如我们讨论过的，诊断是一个预测问题。资源配置也取决于诊断，但不是针对每个患者的，而是取决于对诊断结果在一段时间内分布情况的预测。

让我们将这一推测推向极致，让人工智能诊断在各种环境中都能发挥作用。我们在第八章中介绍的心脏病专家埃里克·托普认为，更好的人工智能预测将开启医学的黄金时代。在这个时代，医生可以专注于医疗保健中的人性方面，将机械过程交给机器。[6]心脏病发作的预测只是一个例子，表明人工智能在诊断方面开始胜过医生。[7]

表 18-1　人工智能系统探索画布：急诊科

尽可能将业务简化到最少量的决策，看看是哪些？

1. 使命	通过高质量、有成本效益的医疗服务，改善急性病患者和受伤患者的治疗效果	
2. 决策	治疗：决定采用哪种治疗方法	资源配置：决定设备类型和人员配备的数量
3. 预测	诊断：预测患者症状的原因	患者的数量和类型：预测患者的数量和诊断的分布情况
4. 判断	对患者进行过度治疗、治疗不足和错误治疗的后果分别是什么	相较于拥有太多设备和人员，手上的设备和人员太少会有什么后果

随着第一决策的预测变得更好、更快，越来越多的患者开始接受适当的治疗。凭借足够多的数据，这些预测将完全从医院诊室转移到患者的家中。因此，在联系救护车之前，提供诊断的高质量预测是可行的。

这种诊断可能导致各种系统层面的变化。患者可能会完全跳过急诊科，直接被送往相关的医疗科室，如心内科或骨科。许多患者在被诊断出需要药剂师或初级保健医师治疗的疾病后，可能根本不需要去医院。基于相关专业知识和系统闲置情况，护理人员可以将患者送往不同的医院。

护理人员的角色也可能发生变化，他们可以接受特定医疗条件的专业化培训。因此，当患者出现需要心脏病学专业知识的紧急情况时，可以派遣受过适当培训的护理人员和装有专业心脏病治疗设备的救护车。患者无须到达医院即可接受治疗。在许多紧急情况下，每一分钟都很重要。

我们知道你在想什么，但那是不可能的。即使预测足够准确，护理人员也不可能如此专业。他们需要成为综合型医生，因为他们需要应对各种情况。如果我们需要的是专家，每个救护站需要的辅助医务人员就会远远超过我们所能培训和负担的人数。

这就是第二个决策：资源配置。如果对需求分布的预测足够准确（且人口密度足够高），就有可能在正确的时间和地点提供必要的设备和训练有素的人员。为患者做出诊断的人工智能预测就成为一种补充，来帮助预测随时间变化的需求分布情况。

在极限情况下，这种急诊医学会让大多数患者在家接受治疗，使用受过专业技能培训的护理人员带来的专门设备。那些被送往医院的患者是那些需要长时间住院或需要大量医护人员团队治疗的患者。患者的治疗结果更好，医院变得更小，医学培训和人员发生变化。通过高质量、有成本效益的医疗服务，改善治疗效果的使命可能会以惊人的方式实现。

这并不是即将发生的事情。它甚至不会出现。人工智能的水平还不够高，且可能永远也不会达到那么高的水平，因为改造系统的成本是巨大的，尽管从长远来看也可能会节省开支。医疗专业人员和管理者对这种剧变的抵制也将是非常大的。然而，它可能在较小的范围内发生。[8] 许多城市辖区已经在派遣医生与护理人员一同工作。预测机器可以帮助确定何时需要医生。[9] 一个创业组织迈向新系统的第一步，便是将人工智能整合到调度中，以确定需要哪位医生（以及哪些设备）。

系统选择

我们若声称系统变革很复杂，然后提供一个高度简化的观点，即由哪些选择定义了一个系统，以及它们的变化是如何随着新技术的采用而产生的，那么我们显然有些不诚实。然而，有时候为了阐明复杂性，过度简化是有价值的。这种想法是将混乱剥离，找到其本质的关键部分。这就是人工智能系统探索画布所做的事，也是我们在急诊医学中的人工智能思维实验所取得的成果。

由两类广泛的选择定义了我们所谓的“系统”。第一类是谁看见什么，第二类是谁决定什么。这为理解我们所描述的系统变革提供了另一个框架。对于谁看见什么，一个组织的任务就是筛选信息。大量的信息可以被引入组织，但关键任务是引入与当前决策相关的信息。因此，一个组织着手将观察和处理信息的职责分配给特定领域，如行政管理部门和医疗部门。在某些情况下，各部门收集信息并将其保留在本部门内。而在其他情况下，各部门对信息进行筛选和交流，并传递给其他部门。当患者到达急诊科时，医疗部门能看到每位患者的预测诊断结果，而行政管理部门只在事后看到分布情况。关键是，有一些信息根本没有被引入组织，而在整个组织中使用的信息就更少了。

对于谁决定什么，决策权的分配是由以下因素共同决定的：谁能最好地利用信息、谁拥有信息，以及谁有动机做出与组织利益一致的决策。原则上，如果存在超级个体，一个人可以做出所有决策，但并不存在这样的个体。因此，在分配决策权时，组织会在各个方面做出权衡。

各部门利用专业化的优势，尽量减少彼此间的协调需求，使每个人都能顺利完成自己的工作，但这也意味着没有人可以洞察全局。良好的组织设计确保各部门能够意识到某种情况超出了它们的职责范围，并将其转交给其他人处理。但没有一种完美的方法能做到这一点。因此，组织将决策和信息分配给运作良好的部门。组织规模越大，就越有必要或越有可能进行这种调整。较小的组织有较少的部门，但这也限制了它们的规模。[10]

由部门职责界定的现有系统很擅长采用新技术，但这些新技术的好处只限于一个部门内。在这些情况下，就需要采纳人工智能点解决方案和人工智能应用解决方案。医院行政管理部门已经采用人工智能来安排维护人员和筛选简历，这两者都与资源配置明确相关。这些技术服务于各部门的使命，并不需要改变谁决定什么，这可能导致内部的抵制，因为责任的改变通常伴随着权力的变化。

相比之下，如果新技术的收益分布在各部门，或者更糟糕的是，一个部门付出了成本，而另一个部门却获得了收益，那么采用新技术就难上加难了。即使能够发现这些机会，实现协调也需要重新分配决策权。这正是采纳急诊科诊断人工智能所面临的挑战。因此，需要面对并重新调整经过仔细协商的、强有力的权衡方式。说得温和一点，这种变化可以是颠覆性的，因此从头开始可能更容易实现。[11]

在人工智能预测方面，新的创新形式多种多样。许多是点解决方案或应用解决方案，各部门可以在不引起冲突或协调困难的情况下采用。而对于其他情况，这就不可能了，因为它们的采用涉及颠覆和变革。这里的问题是，企业领导人如何判断他们是否错过了后一种机会，而这恰恰是因为他们的组织在设计上看不到这些机会，更不用说在机会出现时对其潜力进行有利的评估了。

鉴于此，为了对你的组织能否采用当前或潜在的人工智能创新来进行思想实验，我们提供了一个两步程序。

第一步：确定预测提供的信息或解决的不确定性，以及它将改进的决策。

第二步：这些信息或决策是仅限于一个部门，还是涉及多个部门？

现在让我们回到急诊科中的人工智能应用，具体来说，是预测患者是否患有心脏病的人工智能。在第一步中，人工智能预测了一个诊断。人工智能被设置为只有在病人进入急诊室时，医院系统才能使用提供给医生的信息。这个诊断所影响的主要决策是提供哪些检查和治疗。对于第二步，很明显，这些信息或决策都牢牢掌握在医疗部门医生的手中。对于是否采用这类算法来协助分诊问题，似乎是一个很容易的选择，更有可能作为一个点解决方案被采用。

然后，我们探讨了急诊科是否应该提供压力测试的问题。这在第一步中增加了一个新的决策：应提供哪些资源。从第二步来看，这不再局限于一个科室，正如前面所提到的，系统层面的挑战可能会阻止采用。此外，还有一些改进人工智能的方法需要协调各部门的信息。在患者到达医院之前进行人工智能诊断，可能需要在诊断前获取数周甚至数年的患者数据，这需要行政管理部门批准在医院范围之外进行数据收集。规章制度需要进行调整，患者需要被说服，这就是潜在的冲突。当前的医院组织结构无法轻易采用人工智能预测技术，以及适应运营所带来的变化，这需要一个新的系统。

系统难以预测

1880 年，人们已经认识到电力的巨大潜力可以改进工厂的运作方式，但还需要 40 年的时间才能理解如何设计一个能充分利用电力的工厂系统。据我们所知，没人能设想到由电力构建的最终系统，因为探索过程需要时间，人们对电力的理解在逐渐加深。

对于人工智能而言，我们更接近 1880 年，而不是 1920 年。人工智能很可能会在许多行业引领全新的系统。我们相信，这正是因为人工智能预测在决策中的作用，以及当它生成新的决策时，所采取的行动和这些决策所带来的结果反映了（而不是隔离或隐藏了）潜在的不确定性。因为决策通常与其他决策相互作用，所以可能会产生系统范围的影响。事实上，如果没有预测，现有的做事方式可能是可靠的，即使它们在技术上是一种浪费，这告诉我们，在没有系统创新的情况下，采用人工智能将受到限制。

在最后几章，我们提供了指导和方法，以帮助理解人工智能可能进入的系统。保险和医疗保健是可能发生变革的行业类型。当前，我们正处于“中间时代”的早期。即使你使用这些方法来理解一个系统可能如何改变，你还需要许多步骤才能确定这种变化是否值得，以及需要哪些人工智能预测的改进才能使重组变得有价值。即使是在这种情况下，系统革新也需要颠覆，这意味着权力的分配将发生变化，会有赢家和输家。推动变革的人和抵制变革的人之间的平衡将决定变革是否发生，以及以何种速度发生。

因此，我们强调一个重要的事情：技术的发展史告诉我们很多信息——关于通用技术（如人工智能）是否会带来颠覆并需要时间来发展。对于人工智能所做的事情（预测），以及它进入系统的方式（增强决策），我们做了明确且客观的分析，从而得到一个指南来引导方向，而不是只给出一张显示目的地的地图。最终，即使是在研究预测机器时，古老的格言仍然适用：“预测很难，尤其是对未来的预测。”

本章要点

- 两位经济学家创建了一种人工智能，它在预测心脏病发作方面超越了人类。在假阳性和假阴性方面，该预测机器比普通医生更便宜、更快速，似乎也更不容易出错。这种预测机器可以作为一个点解决方案应用，仅影响单一决策：是否进行检测。通过这种人工智能点解决方案的应用，可以更好地分配心脏病发作检查，提升医院的生产力。
- 虽然点解决方案可以通过更好地分配检查来对医疗进步产生重要影响，但高度准确的心脏病发作人工智能预测可能会成为系统解决方案的基础。使用人工智能系统探索画布，我们可以看到其中一个关键决策：是否进行检查，这是基于对患者是否心脏病发作的预测。如果这种预测结果足够准确，并且可以通过智能手表等便捷的数据收集工具生成，那么就可以将这些预测从医院诊室转移到患者的家中。许多患者在被诊断出可以在家中由药剂师或初级保健医生帮助治疗后，就不需要再去医院。
- 人工智能系统探索画布的一个关键特点是，将组织抽象为其核心决策。通过这种方式，它将组织的使命从与现状相关的大量可有可无的规则和决策中解脱出来，而使命是不变的。设计者可以自由想象出许多不同的系统解决方案，而这些解决方案可以由支持主要决策的强大预测机器实现。单一的心脏病发作人工智能预测可以实现多种可行的系统解决方案。思考过程从确定关键决策开始，推测如果预测变得高度准确可能会发生什么，然后重新设想可以利用这些预测的系统类型，从而提高任务的成功率。

结　语

人工智能偏见与系统

现在回想起来，这不可能有什么好结果。但在2016年，微软的研究人员发布了一个名为Tay的人工智能算法，让它学习如何在推特上进行互动。几个小时内，它就学会并开始发布攻击性推文。Tay并不是唯一变得糟糕的例子。类似的故事很多，这让许多企业不愿意采用人工智能，不是因为人工智能预测表现得比人类差，而是正相反，人工智能可能太擅长表现得像人类一样了。

这并不令人感到意外。人工智能预测需要数据，特别是对于涉及预测人类的数据，而训练数据来自人类。这可能有好处，比如在训练与人对弈时。但人类是不完美的，而人工智能也会继承这些不完美之处。

许多人没有意识到，这是一个当前的问题，因为我们一直在思考人工智能解决方案。当你想让你的人力资源部门筛选数百名求职者时，人工智能的第一个潜在用途就是利用算法而不是人来完成这项工作。毕竟，这是一项预测任务——具备这些资质的人在这家企业中成功的可能性有多大？这种采用人工智能的方式只是一个点解决方案，它可以起作用，但正如我们在本书中一再强调的那样，这通常需要一个完整的系统解决方案。在消除偏见的不利后果时，需要采用系统思维。

我们的出发点是我们对人工智能中偏见的看法，而且我们敢说，在人工智能是否会使歧视永久化的问题上，我们的看法与众不同。当以系统思维来看待时，人工智能在消除偏见方面是有希望的，它们能为许多歧视问题提供解决方案，但是，它们面临着阻力。关于歧视的一个令人不安的事实是，消除歧视会产生赢家和输家，因为权力会转移。因此，当人工智能有可能产生新的系统来消除许多方面的歧视时，采用人工智能的阻力可能会更大。

反对歧视的机会

由于人工智能提供了一个了解偏见来源的机会，而且有了这些知识就可以在决策中适当使用，因此人工智能提供了减少歧视的机会。[1]

举一个简单的例子。据相关报告，有色人种的膝关节疼痛程度远高于白人。对此有两种不同的解释。一是，有色人种可能患有更严重的膝关节炎、骨关节炎。二是，膝关节以外的其他因素，如生活压力或社交孤立，也可能导致有色人种的膝关节疼痛程度更严重。

不同的解释意味着不同的治疗方法。如果问题是更严重的骨关节炎，那么物理治疗、药物和手术可能会有所帮助；如果问题与膝盖无关，那么最有效的治疗可能集中在改善心理健康方面。

许多医生认为膝盖以外的其他因素在解释种族差异方面更为重要。研究比较了患者报告的疼痛与放射科医生根据医学影像对膝关节炎、骨关节炎做出的评估。放射科医生根据一些方法（如 KL 分类法）对患者膝盖的影像进行评估，并根据是否存在骨刺、骨畸形和其他因素进行评分。[2] 即使在调整了这些评估后，有色人种报告的疼痛程度仍较高。[3]

计算机科学家艾玛·皮尔森及其合著者怀疑，问题可能出在分类系统上。包括 KL 分类法在内的骨关节炎诊断方法是几十年前在白人群体中开发的，[4] 它们可能无法发现非白人群体身体疼痛的原因。放射科医生在评估非白人患者时也可能存在偏见，在诊断过程中会不重视他们的疼痛。

此种情形下，人工智能可以提供帮助。皮尔森及其合著者采集了大量膝盖影像，每个影像都有患者自己报告的疼痛程度。当放射科医生对影像进行评分时，只有 9% 的种族性疼痛差异似乎可以用膝关节内部因素来解释。

随后，皮尔森及其合著者评估了人工智能是否可以使用这些影像来预测所报告的疼痛。他们的人工智能预测了 43% 的种族性疼痛差异。人工智能发现了放射科医生忽略的膝盖内部因素，并且这些因素解释了为什么有色人种和白人之间的疼痛差异会达到 5 倍之多。

这种治疗中的种族差异表明，当膝盖内部明显有导致疼痛的问题时，许多非白人患者却接受了膝盖外部的治疗。在这里，人工智能帮助识别了医疗保健中的系统性歧视，并提供了解决它的方法。

为了消除歧视，你需要发现歧视，并且解决它，这两个方面都是必要的。对于人类和机器预测都是如此。换句话说，消除歧视需要一个系统。

发现歧视

发现歧视是很困难的。尽管有许多谴责科技行业和其他行业中歧视的法律诉讼，但很少有案件做出对原告有利的判决。在许多著名的由员工起诉歧视的案件中，最终都以雇主胜诉或员工撤诉而告终。[5]

其中，许多案件的焦点在于公司是否在薪资或晋升方面存在歧视。假设一家科技公司被指控在晋升方面存在性别歧视。毫无疑问，该公司提拔了几名男性，而没有提拔在公司工作时间更长的原告（女性），但诉讼的核心问题是为什么。

原告声称公司故意歧视她，而公司会回应说，这位原告"不仅不是歧视的受害者，而且是一个难缠且狡诈的员工，拒绝接受改进建议"，这正是《纽约时报》中描述的一位被告所采取的做法。[6]当管理者被问及公司在晋升推荐中是否存在歧视时，他们会否认。原告的律师可能会直截了当地问："如果我的客户是个男性，可能会被晋升吗？"答："不会。"原告的律师会试图比较那些被晋升者的表现与原告的表现，但表现是难以衡量的，而比较中存在太多的模糊之处。[7]

即使存在歧视，也很难证明。没有两个人是完全相同的，管理者在制定晋升和招聘决策时考虑了各种因素。如果没有明确的歧视意图陈述，法官或陪审团就很难确信一个人的决策是带有歧视性的。我们无法知道别人内心的真实想法。

没有两个人完全相同

塞德希尔·穆来纳森是一个发现歧视的专家。在他获得博士学位仅 3 年后的 2001 年，穆来纳森及其合著者玛丽安·贝特朗便开始研究美国劳动力市场的歧视情况。[8]他们向波士顿和芝加哥的报纸招聘广告投递了虚构的简历。对于每个招聘广告，他们都投递了 4 份简历，其中 2 份是高质量的，2 份是低质量的。他们随机给其中一份高质量简历取了一个非洲裔美国人的名字（Lakisha Washington 或 Jamal Jones），另一份取了一个白人的名字（Emily Walsh 或 Greg Baker）。类似地，他们随机给其中一份低质量简历取了一个非洲裔美国人的名字，另一份取了一个白人的名字。

然后，他们就等待着虚构的申请者是否被邀请参加面试。白人名字收到的回电比例多了50%。有着白人名字和非洲裔美国人名字的高质量简历之间的差距甚至更大。劳动力市场中明显存在歧视。

15年后，穆来纳森再次进行了类似的研究。现在他是芝加哥大学的教授，并获得了麦克阿瑟“天才奖”，他和其合著者发现，一种广泛使用的用于识别对健康有复杂需求患者的算法存在种族偏见。在给定的风险评分下，非洲裔美国人患者实际上比白人患者的病情更严重。如果能消除这种差异，非洲裔美国人患者接受额外资源治疗的比例将增加近2倍。[9]

之所以会产生偏见，是因为这台机器被设计用来预测医疗保健费用，而不是疾病本身。医疗资源分配不均现象意味着美国医疗系统在为非洲裔美国人患者提供护理方面的花费比为白人患者提供的要少。因此，对于非洲裔美国人和其他较难获得医疗服务的患者群体，用医疗费用作为疾病指标的预测机器会低估他们患病的严重程度。

在这项研究之后，穆来纳森对这两个项目进行了反思。

> 这两项研究都记录了种族不公：在第一项研究中，一个有类似黑人名字的申请者得到的面试机会较少；在第二项研究中，黑人患者得到了较差的护理。
>
> 但它们在一个关键方面有所不同：在第一项研究中，招聘经理做出了有偏见的决策；而在第二项研究中，罪魁祸首是一款计算机程序。
>
> 作为这两项研究的合著者，我把它们看作对比性的经验，它们共同展示了两种类型偏见之间的鲜明差异：人类偏见和算法偏见。[10]

早期的研究需要大量的创造力和努力来发现歧视。他将其描述为一场持续数月的“复杂秘密行动”。

相比之下，后来的研究较为简单。穆来纳森将其描述为“一次统计学的练习——相当于反复问算法‘你如何对待这个患者？’，并绘制出种族差异的图景。这项工作是技术性的和机械化的，既不需要秘密行动，也不需要足智多谋”。

衡量人类的歧视是困难的，需要对不同情况进行仔细把控。衡量机器的歧视则相对简单，只需将正确的数据输入机器，然后观察结果即可。研究人员可以向人工智能提问，“如果一个人是这样的会怎样？”“如果一个人是那样的会怎样？”可以尝试成千上万种假设，这是人类所无法做到的。穆来纳森指出，“人类比算法更难以捉摸”。

消除歧视

发现歧视是第一步，一旦发现歧视，就需要消除它。人类很难改变，因此，你需要一个不依赖于人类的系统。

在简历案例中，即使你能克服困难找出哪些公司有问题，但是“改变人们的想法并不是一件简单的事情”。[11] 能不能找出工具发现隐性偏见仍然不好说，我们不知道是否有可行的解决方案可以减少成千上万人的歧视。20 年后，叫 Emily 和 Greg 的人可能仍然比叫 Lakisha 和 Jamal 的人更容易被雇用。

与之形成鲜明对比的是人工智能。在发表有关算法性歧视的研究成果之前，穆来纳森和其合著者已经与公司合作解决了这个问题。他们首先联系了该公司，该公司能够用模拟重现研究结果。作为第一步，结果表明，将健康预测与现有的费用预测结合起来，可以将偏见减少 84%。[12] 穆来纳森和其合著者免费向一些使用这类算法的医疗系统提供了他们的服务。许多医疗系统接受了他们的帮助。

齐亚德·奥伯迈尔和他的同事在学术研究中得出结论："标签偏见是可以被消除的。因为标签是预测质量和预测偏见的关键因素，仔细选择可以在最大限度减小风险的同时享受算法预测的好处。"[13]正如穆来纳森所说，"改变算法比改变人类更容易：计算机上的软件可以更新，而迄今为止已经证明我们大脑中的'湿软件'没什么可塑性"[14]。

人工智能盒子内部

人工智能容易受到偏见的影响，这可能意味着弱势群体会受到比其他人更差的待遇，换句话说，人工智能可能成为歧视的源头。

人工智能也可以减少歧视，它们可以发现人类的歧视行为，就像检测到膝盖疼痛一样。它们也是可以审查的。相比人类，通过算法发现歧视要容易得多。

人工智能的歧视也是可以被消除的。软件可以进行调整，从而消除已经确定的偏见来源。

消除这种歧视并不容易。第一，需要愿意消除偏见的人类。如果管理人工智能的人希望部署一种具有歧视性的人工智能，他们将很容易做到。同时，由于人工智能是软件，它的歧视可能大规模发生，因此，捕捉到故意歧视的人工智能比捕捉到故意歧视的人类更容易。人工智能会留下审查记录，一个资金充足、有着受过良好培训审查员的监管机构可以访问人工智能并进行模拟，以寻找歧视，就像穆来纳森和其合著者所做的那样。不幸的是，我们当前的法律和监管系统很难应对这些挑战，因为它们是为没有算法辅助的人类决策者设计的。[15]

第二，即使是由心怀善意的人部署的人工智能，也需要关注细节，而关注细节需要耗费时间和金钱。偏见以多种方式渗透到人工智能的预测中，消除偏见需要了解其源头。[16] 这需要投资存储有关过去决策的数据，并投资模拟潜在的偏见来源，以了解人工智能的表现。第一次尝试也许不会成功，可能需要收集新的数据和采用新的流程。[17]

第三，减少偏见的人工智能可能会改变一个组织中的决策权。如果没有人工智能，也许是个别经理决定谁应该被雇用。即使是有最好的意图，这些经理也可能通过他们的社交关系进行招聘，从而导致意想不到的偏见。有了减少偏见的人工智能，通过社交关系进行招聘将变得困难。更高级的高管将设定简历的门槛，该高管可能意识到，如果公司的所有经理都通过他们的社交关系雇用员工，就不可能有多样化的工作团队。人工智能减少了歧视，但相对于高级管理层设定的目标，它也减少了个别经理在招聘中的自由裁量权。因此，这些经理可能会反对削弱他们权力的系统变革。

并不是每个人都想要减少偏见。2003 年，美国职业棒球大联盟使用了一种名为 QuesTec 裁判信息系统的新工具来确定本垒上方的投球位置。QuesTec 评估了裁判员所判的好球和坏球。裁判员反对这个工具，一些明星球员也是如此。时任运营副总裁的桑迪·奥尔德森描述了这个工具的动机，他声称一些资深球员会毫无原因地被给予信任，获得对他们有利的好球和坏球判罚。许多比赛的明星球员也都抱怨，包括屡屡获奖的投手汤姆·格拉文和多次获得 MVP（最有价值球员）奖的巴里·邦兹。当时的亚利桑那响尾蛇队王牌投手柯特·席林成为一个现代版的“卢德派”，在一场比赛失败后摔坏了一个摄像机。[18] 一个由计算机预测好球与坏球的自动化工具可能会减少偏见，但那些从偏见中受益的人可能并不希望这样。

需要一个系统

亚马逊雇用了大量员工。在美国，每 153 名工人中就有一名是亚马逊员工。[19] 因此，亚马逊非常有兴趣开发一种能够辅助其招聘的人工智能。2014 年，亚马逊做到了，但仅一年后，它便废弃了这个系统，再未投入使用。为什么呢？因为它没有以一种性别中立的方式评估软件和技术岗位的求职者。[20] 众所周知，亚马逊的人工智能是基于过去的数据进行训练的，而这些数据主要来自男性求职者。这个人工智能明显忽略了与女性相关的信息，包括女子学院的信息。简单的调整无法恢复中立性。

读到这样的故事，你可能认为人工智能的偏见是无可救药的。但是，你也可以从这个故事中得到另一种解读，那就是人工智能是有偏见的，人们认识到了这一点，所以它没有被投入使用。那么对于人类招聘员来说也是如此吗？实际上，我们已经知道答案：这个人工智能最早就是针对招聘人员进行训练的。

与此同时，这种经验也告诉人工智能开发者，仅依靠过去的数据进行训练通常是不够的，他们应使用新的数据来源，而这需要时间来开发。但最终，得到的人工智能是可以进行评估的，更重要的是，我们可以不断检测其性能。

这对于消除歧视来说是一个潜在的重大进步。今天消除歧视的干预措施主要是以结果为基础的：不同群体的结果之间是否存在差异？这些干预措施往往是直接的规则，试图调整平衡并实现结果的平等。问题在于，这些干预措施可能会产生分歧。

相比之下，人们通常希望消除偏见的源头，特别是做出决策的人的动机。他们并不是想要解决结果平等问题（尽管实现这一点并不是问题），而是希望得到平等的待遇。然而，当人们做出决策而我们无法看到他们的动机时，我们要如何确信存在平等的待遇呢？

如果人工智能预测成为这些决策的核心，我们就能实现一个客观的基准。我们可以看到人工智能是如何对待人类的，因为我们知道人工智能没有明确的动机来区别对待那些类似的人，我们可以努力确保人工智能真正做到这一点。

自动化预测让制定标准变得更容易，就像所有的棒球运动员都能面对相同的击球区，所有的司机都可以遵守相同的交通规则一样。交通执法中存在着有据可查的偏见，如黑人司机被拦截的次数比白人多。一个简单的点解决方案是将超速罚单自动化。我们有这样的技术：检测超速，拍照，然后对司机进行处罚。自动化系统更加公平和安全，减少了警察与公众之间发生暴力冲突的机会。

这种做法的好处远不止点解决方案。有了人们会被平等对待的信心，人们与系统的互动方式以及他们在系统中行动的安全感都会发生改变。这也使人们不再需要那些只是为了在账面上好看而进行的干预措施，比如让结果成为固定的一部分，甚至是配额。

然而，消除不平等待遇并不是一帆风顺的，这正是因为它将改变系统中的结果，并不是每个人都会想要一个自动化的系统。就像明星棒球运动员一样，那些从警察自由裁量权中受益的司机可能会对监控摄像头心存怨恨，有些人可能很难支付罚款。此外，如果有人因医疗急救情况超速驾驶，自动化系统也不会宽容。除了超速，警察不能通过拦截来发现其他违法行为。

尽管如此，超速仍会致命，让司机保持在限速以下行驶能够拯救生命。但有时执法是不公平的，而且往往具有歧视性。自动化执法将会发现更多违规和违法行为，同时减少歧视。[21]

当人工智能作为点解决方案实施时，它们可能会放大现有的偏见并增加歧视。这导致了我们在媒体上看到的有关人工智能和歧视的负面报道。当把人工智能视为一个点解决方案时，人工智能的偏见就是一个问题，并可能对采用预测机器产生适当的抵制。

当从系统的角度看待偏见时，人工智能可以引领减少歧视的变革。虽然从现有偏见中受益的人可能会抵制，但我们仍有理由保持乐观。与穆来纳森一样，我们也看到了人工智能在减少各种决策偏见方面的潜力。对人工智能的乐观态度掩盖了对人类决策的悲观情绪，人类和人工智能都会有偏见。在一次关于医疗保健领域中机器学习偏见的演讲后，麻省理工学院的计算机科学家马尔泽·加塞米说道，当涉及偏见时，“人类是糟糕的”。[22] 人工智能的偏见可以被发现和解决；可以设计和实施新的人工智能系统解决方案，涵盖教育、医疗保健、银行和警务等各个领域，以减少歧视；可以对人工智能系统进行持续监测和追溯，以确保在消除歧视方面不断取得成功。如果人类也能如此轻松地消除歧视，那该有多好。

本章要点

- 关于人工智能的流行说法是，它学习人类的偏见并放大了它。我们同意这种说法并主张时刻保持警惕。另一种说法是人工智能系统不应该被应用于重要决策，比如招聘、银行贷款、保险理赔、法律裁决和大学录取等，因为它们是不透明的——我们无法看到黑盒子内部——并且它们持续产生歧视，我们不同意后者说法。我们认为它们应该被应用于重要决策，正是因为它们具备可审查性，而我们人类没有。对于一个我们怀疑有歧视行为的人类招聘员，我们无法有效地审问其成千上万个问题，比如“除了不是白人，其他条件完全相同，你会雇用他吗？”

并期望得到诚实的回答。然而，对于人工智能系统，我们可以准确地问出这个问题，以及成千上万个其他问题，并迅速获得准确的答案。

- 芝加哥大学塞德希尔·穆来纳森教授对比了他关于偏见的两项研究。其中一项是关于人类在招聘中的歧视，另一项是关于人工智能在医疗保健中的歧视。他指出，与人类系统相比，发现和消除人工智能系统中的歧视要容易得多，“改变算法比改变人类更容易：计算机上的软件可以更新，而迄今为止已经证明我们大脑中的‘湿软件’没什么可塑性”。
- 如今，最抵制采用人工智能系统的人恰恰是最担心受到歧视的人。我们预计这种情况将完全逆转。一旦人们意识到在人工智能系统中发现和消除歧视比在人类系统中更容易，采用人工智能系统所面临的最大阻力就将不再是来自那些想要减少歧视的人，而是来自那些从歧视中获益最多的人。

注　释

前　言　成功来自远方吗

1. 这是加拿大总理与希沃恩·齐利斯在我们会议上的炉边谈话。希沃恩·齐利斯是 Neuralink 的运营和特别项目总监，该公司是由埃隆·马斯克创办的，致力于构建脑机接口："Justin Trudeau in Conversation with Shivon Zilis," YouTube, November 9, 2017, https://www.youtube.com/watch?v=zm7A1KXUaS8&t=853s。
2. "About Canada's Innovation Superclusters," Government of Canada, n.d., https://www.ic.gc.ca/eic/site/093.nsf/eng/00016.html.
3. "04: Human vs. Machine," *Spotify: A Product Story*, podcast, March 2021, https://open.spotify.com/episode/0T3nb0PcpvqA4o1BbbQWpp.
4. 洗钱是一个严重的问题。据联合国估计，每年通过金融系统洗钱的资金高达 2 万亿美元。根据国际管理咨询公司 Oliver Wyman 的数据，针对这一问题的自动化和供应商解决方案的市场价值达 130 亿美元。Nasdaq, "Nasdaq to Acquire Verafin, Creating a Global Leader in the Fight Against Financial Crime," press release, November 19, 2020, https://www.nasdaq.com/press-release/nasdaq-to-acquire-verafin-creating-a-global-leader-in-the-fight-against-financial。
5. Erica Vella, "Tech in T.O.: Why Geoffrey Hinton, the 'Godfather of A.I.,' Decided to Live in Toronto," Global News, October 8, 2019, https://globalnews.ca/news/5929564/geoffrey-hinton-artificial-intelligence-toronto/.
6. Geoff Hinton, "On Radiology," Creative Destruction Lab: Machine Learning and the Market for Intelligence, YouTube, November 24, 2016, https://www.youtube.com/watch?v=2HMPRXstSvQ.

第一章　三位企业家的寓言

1. Richard B. Du Boff, "The Introduction of Electric Power in American Manufacturing,"*Economic History Review* 20, no. 3 (1967): 509–518, https://doi.org/10.2307/2593069.

2. Du Boff, "The Introduction of Electric Power in American Manufacturing."
3. Warren D. Devine Jr., "From Shafts to Wires: Historical Perspective on Electrification," *Journal of Economic History* 43, no. 2 (1983): 347–372.
4. Nathan Rosenberg, *Inside the Black Box: Technology and Economics* (New York: Cambridge University Press, 1982), 78.
5. Nathan Rosenberg, "Technological Change in the Machine Tool Industry, 1840–1910," *Journal of Economic History* 23, no. 4 (1963): 414–443.
6. Paul A. David, "The Dynamo and the Computer: An Historical Perspective on the Modern Productivity Paradox," *American Economic Review* 80, no. 2 (1990): 355–361.
7. 关于创业者在利用新技术机遇时所面临不同选择的框架源自此文：Joshua Gans, Erin L. Scott, and Scott Stern, "Strategy for Start-Ups," *Harvard Business Review*, May–June 2018, 44–51。点解决方案是指创业者追求他们所称的价值链战略，这种战略是以执行为导向的，并致力于嵌入现有的价值链中。应用解决方案主要是指颠覆战略，也是以执行为导向的，并致力于提供新的价值链。这些也可以是知识产权战略的例子，涉及使用正式的知识产权来保护设备设计。最后，系统解决方案是一种架构战略，涉及新的价值链以及对控制权的投资，以使这些系统具备防御性。

第二章　人工智能的系统未来

1. 有关此次会议的论文集，请参阅 Ajay Agrawal, Joshua Gans and Avi Goldfarb, eds., *The Economics of Artificial Intelligence: An Agenda* (Chicago: University of Chicago Press, 2019)。
2. Paul Milgrom, personal email, January 17, 2017.
3. 请参阅以下书目章节中丹尼尔·卡尼曼所做的评论部分：Colin F. Camerer, "Artificial Intelligence and Behavioral Economics," comment by Daniel Kahneman, in Agrawal et al., *The Economics of Artificial Intelligence*, chapter 24, page 610。
4. Betsey Stevenson, "Artificial Intelligence, Income, Employment, and Meaning," in Agrawal et al., *The Economics of Artificial Intelligence*, chapter 7, page 190.
5. Erik Brynjolfsson, Daniel Rock and Chad Syverson, "Artificial Intelligence and the Modern Productivity Paradox: A Clash of Expectations and Statistics," in Agrawal et al., *The Economics of Artificial Intelligence*, chapter 1.
6. Timothy F. Bresnahan and Manuel Trajtenberg, "General Purpose Technologies 'Engines of Growth'?" *Journal of Econometrics* 65, no. 1 (1995): 83–108; T. Bresnahan and S. Greenstein, "Technical Progress and Co-invention in Computing and in the Uses of Computers," *Brookings Papers on Economic Activity, Microeconomics* (1996): 1–83.
7. Alanna Petroff, "Google CEO: AI is 'More Profound Than Electricity or Fire,'" CNN Business, January 24, 2018, https://money.cnn.com/2018/01/24/technology/sundar-pichai-google-ai-artificial-intelligence/index.html.
8. S. Ransbotham et al., "Expanding AI's Impact with Organizational Learning," *MIT Sloan Management Review*, October 2020.
9. Catherine Jewell, "Artificial Intelligence: The New Electricity," *WIPO Magazine*, June 2019, https://www.wipo.int/wipo_magazine/en/2019/03/article_0001.html.

10. Ransbotham et al., "Expanding AI's Impact with Organizational Learning."
11. 请参阅此会议论文（文中图 1 比较了 A 和 B 两个数据图）：in Daron Acemoglu et al., "Automation and the Workforce: A Firm-Level View from the 2019 Annual Business Survey," conference paper, National Bureau of Economic Research, Cambridge, MA, February 2022, https://conference.nber.org/conf_papers/f159272.pdf。
12. Nathan Rosenberg, *Inside the Black Box: Technology and Economics* (New York: Cambridge University Press, 1982), 59.
13. Michael Specter, "Climate by Numbers," *New Yorker*, November 4, 2013, https://www.newyorker.com/magazine/2013/11/11/climate-by-numbers.
14. Michael Lewis, *The Fifth Risk* (New York: W. W. Norton & Company, 2018), 185, Kindle.
15. Lewis, *The Fifth Risk*, 186, Kindle.
16. Lewis, *The Fifth Risk*, 186, Kindle.
17. Lewis, *The Fifth Risk*, 186, Kindle.

第三章 人工智能是预测技术

1. 确定广告是否会增加销售额的挑战更大了，因为广告商将广告定向投放给它们预期会购买的人群。有关广告因果关系的讨论，请参阅：T. Blake, C. Nosko and S. Tadelis, "Consumer Heterogeneity and Paid Search Effectiveness: A Large-Scale Field Experiment," *Econometrica* 83 (2015): 155–174, https://doi.org/10.3982/ECTA12423; and Brett R. Gordon et al., "A Comparison of Approaches to Advertising Measurement: Evidence from Big Field Experiments at Facebook," *Marketing Science* 38, no. 2 (2019), https://pubsonline.informs.org/doi/10.1287/mksc.2018.1135。最近有两本书更适合普通读者阅读，它们侧重于向非学术读者解释因果推断。朱迪·珀尔与达纳·麦肯齐的著作《为什么：关于因果关系的新科学》提供了一个计算机科学的视角。约翰·A. 李斯特的著作 *The Voltage Effect*（New York: Random House, 2022）从经济学的角度强调，即使进行了实验，当大规模部署解决方案时，这些实验结果可能也并不适用。
2. Larry Hardesty, "Two Amazon-Affiliated Economists Awarded Nobel Prize," *Amazon Science*, October 13, 2021, https://www.amazon.science/latest-news/two-amazon-affiliated-economists-awarded-nobel-prize.
3. Satinder Singh, Andy Oku and Andrew Jackson, "Learning to Play Go from Scratch," *Nature*, October 19, 2017, https://www.nature.com/articles/550336a.
4. Avi Goldfarb and Jon R. Lindsay, "Prediction and Judgment: Why Artificial Intelligence Increases the Importance of Humans in War," *International Security* 46, no. 3 (2022): 7–50, doi: https://doi.org/10.1162/isec_a_00425.
5. Bonnie G. Buchanan and Danika Wright, "The Impact of Machine Learning on UK Financial Services," *Oxford Review of Economic Policy* 37, no. 3 (2021): 537–563, https://doi.org/10.1093/oxrep/grab016.
6. Kwame Opam, "Amazon Plans to Ship Your Packages Before You Even Buy Them," *Verge*, January 18, 2014, https://www.theverge.com/2014/1/18/5320636/amazon-plans-to-ship-your-packages-before-you-even-buy-them.

7. Anu Singh, Tyana Grundig and David Common, "Hidden Cameras and Secret Trackers Reveal Where Amazon Returns End Up," CBC News, October 10, 2020, https://www.cbc.ca/news/canada/marketplace-amazon-returns-1.5753714.
8. 你可能会想，既然亚马逊无论如何都会扔掉退货产品，为什么还要费心去收回那些"先发货再购物"模式下的退货产品呢？问题在于，亚马逊如何知道那些产品是消费者直接退货的，而不是使用过的呢？

第四章　决策：做还是不做

1. Michael Lewis, "Obama's Way," *Vanity Fair*, October 2012, https://www.vanityfair.com/news/2012/10/michael-lewis-profile-barack-obama.
2. 请参阅此未发表的手稿：H. Simon, "Administration of Public Recreational Facilities in Milwaukee," unpublished manuscript, Herbert A. Simon papers, Carnegie Mellon University Library。
3. L. Lamport, "Buridan's Principle," *Foundations of Physics* 42, no. 8 (2012): 1056–1066, http://lamport.azurewebsites.net/pubs/buridan.pdf.
4. 有一次例外的确证实了这一规则，请考虑一下奥巴马穿着棕色西装那天发生的事情："Obama Tan Suit Controversy," Wikipedia, https://en.wikipedia.org/wiki/Obama_tan_suit_controversy。
5. 这只是为了简化数学运算。对于那些喜欢代数的人来说，假设下雨的概率为 p，淋湿的成本为 w，如果不下雨也携带雨伞的成本为 c。那么，如果 pw =（1–p）c，你就会觉得带不带雨伞都无所谓。文中的例子假设 p = 50%，w = c = 10 美元。
6. Natalia Emanuel and Emma Harrington, "'Working' Remotely? Selection, Treatment and the Market Selection of Remote Work," mimeo, Harvard, 2021, https://scholar.harvard.edu/files/eharrington/files/trim_paper.pdf.
7. S. Larcom, F. Rauch and T. Willems, "The Benefits of Forced Experimentation: Striking Evidence from the London Underground Network," *Quarterly Journal of Economics* 132, no. 4 (2017): 2019–2055.
8. D. P. Byrne and N. de Roos, "Startup Search Costs," *American Economic Journal: Microeconomics* 14, no. 2 (May 2022): 81–112.
9. Atul Gawande, *The Checklist Manifesto: How to Get Things Right* (New York: Henry Holt and Co., 2009), 61–62, Kindle.

第五章　隐藏的不确定性

1. 经济学家对这句话情有独钟。我们在《AI 极简经济学》中谈到机场休息室时也引用了这句话。
2. SF Staff, "Airports Are Becoming More Like Tourist Destinations," *Simple Flying*, January 5, 2020, https://simpleflying.com/airports-tourist-destinations/.
3. "Destination Airports," Gensler, n.d., https://www.gensler.com/blog/destination-airports.
4. Paul Brady, "The Top 10 International Airports," *Travel and Leisure*, September 8, 2021, https://www.travelandleisure.com/airlines-airports/coolest-new-airport-terminals.

5. Elliott Heath, "The Golf Course Inside an Airport," *Golf Monthly*, June 6, 2018, https://www.golfmonthly.com/features/the-game/golf-course-inside-an-airport-157780.
6. Incheon International Airport Corporation, 2016 Annual Report, https://www.airport.kr/co_file/en/file01/2016_annualReport(eng).pdf.
7. Airports Council International, "ACI Report Shows the Importance of the Airport Industry to the Global Economy," press release, April 22, 2020, https://aci.aero/2020/04/22/aci-report-shows-the-importance-of-the-airport-industry-to-the-global-economy/.
8. "Putting the AI in Air Traffic Control," Alan Turing Institute, January 17, 2020, https://www.turing.ac.uk/research/impact-stories/putting-ai-air-traffic-control.
9. Arnoud Cornelissen, "AI System for Baggage Handling at Eindhoven Airport Proves Successful," Innovation Origins, January 28, 2021, https://innovation origins.com/en/ai-system-for-baggage-handling-at-eindhoven-airport-proves-successful/.
10. Tower Fasteners, "The Future of AI in Aviation," press release, n.d., https://www.towerfast.com/press-room/the-future-of-ai-in-aviation.
11. Xinyu Hu et al., "DeepETA: How Uber Predicts Arrival Times Using Deep Learning," Uber Engineering, February 10, 2022, https://eng.uber.com/deepeta-how-uber-predicts-arrival-times/.
12. William Booth, "Maintaining a Competitive Hedge," *Washington Post*, January 11, 2019, https://www.washingtonpost.com/graphics/2019/world/british-hedgerows/; and the BBC documentary *Prince, Son and Heir: Charles at 70*, December 31, 2018.
13. Steven D. Levitt and Stephen J. Dubner, *Freakonomics: A Rogue Economist Explores the Hidden Side of Everything*, revised and expanded ed. (New York: William Morrow, 2006), xiv.
14. Massachusetts Department of Agricultural Resources, "Greenhouse BMPs," n.d., https://ag.umass.edu/sites/ag.umass.edu/files/book/pdf/greenhousebmpfb.pdf.
15. Ric Bessin, Lee H. Townsend and Robert G. Anderson, "Greenhouse Insect Management," University of Kentucky, n.d., https://entomology.ca.uky.edu/ent60.
16. Massachusetts Department of Agricultural Resources, "Greenhouse BMPs."
17. Ecoation, "Human + Machine," n.d., https://www.ecoation.com/; Ecoation, "Integrated Pest Management," n.d., https://7c94d4b4-da17-40b9-86cd-fc64ec50f83b.filesusr.com/ugd/0a894f_a83293fa199c4f60a71254187a0b7f4c.pdf.
18. Ecoation, "Integrated Pest Management," Case 4.

第六章　规则是黏合剂

1. Atul Gawande, "The Checklist," *New Yorker*, December 2, 2007, https://www.newyorker.com/magazine/2007/12/10/the-checklist.
2. A. Kwok and M-L McLaws, "How to Get Doctors to Hand Hygiene: Nudge Nudge," *Antimicrobial Resistance and Infection Control* 4, supplement 1 (2015): O51, https://www.ncbi.nlm.nih.gov/pmc/articles/PMC4474702/.
3. Ali Goli, David H. Reiley and Hongkai Zhang, "Personalized Versioning: Product Strategies Constructed from Experiments on Pandora," working paper, presented at Quantitative

Marketing and Economics Conference, UCLA, October 8, 2021. 正如我们在第三章中讨论的那样，有时人工智能需要通过实验来收集预测所需的数据。在这里，人工智能与实验相辅相成。
4. 关于这一问题的首次分析，请参阅：Susan Athey, Emilio Calvano and Joshua S. Gans, "The Impact of Consumer Multi-homing on Advertising Markets and Media Competition," *Management Science* 64, no. 4 (2018): 1574–1590。
5. "Without Rules, There Is Chaos," YouTube, https://www.youtube.com/watch?v=qoHU57KtUws.
6. John Stuart Mill, *On Liberty*, ed. David Spitz (New York: W. W. Norton and Company, 1975, based on 1859 edition), 98.
7. New York State Education Department, "The New York State Kindergarten Learning Standards," n.d., http://www.p12.nysed.gov/earlylearning/standards/documents/KindergartenLearningStandards2019-20.pdf.
8. "The State of the Global Education Crisis: A Path to Recovery," World Bank, n.d., https://www.worldbank.org/en/topic/education; "Overview," World Bank, n.d., https://www.worldbank.org/en/topic/education/overview#1; "Digital Technologies in Education," World Bank, n.d., https://www.worldbank.org/en/topic/edutech#1.
9. "Training Entrepreneurs," *VoxDevLit* 1, no. 2 (August 9, 2021), https:// voxdev.org/sites/default/files/Training_Entrepreneurs_Issue_2.pdf.
10. 我们在第三章讨论了此类试验为何有用。
11. Ken Robinson, *The Element: How Finding Your Passion Changes Everything* (New York: Penguin, 2009), 230.

第七章　黏合系统与灵活系统

1. Worldometer, "Coronavirus Cases," https://www.worldometers.info/corona virus/country/us/, accessed November 25, 2021.
2. 关于这方面的完整论述，请参阅：Joshua Gans, *The Pandemic Information Gap: The Brutal Economics of COVID-19* (Cambridge, MA: MIT Press, 2020)。
3. June-Ho Kim et al., "Emerging COVID-19 Success Story: South Korea Learned the Lessons of MERS," *Our World in Data*, March 5, 2021, https://our worldindata.org/covid-exemplar-south-korea.
4. Jennifer Chu, "Artificial Intelligence Model Detects Asymptomatic Covid-19 Infections through Cellphone-Recorded Coughs," *MIT News*, October 29, 2020, https://news.mit.edu/2020/covid-19-cough-cellphone-detection-1029.
5. 一些人工智能解决方案已经开始出现。例如，在希腊边境的一项研究表明，一个适当开发的强化学习算法（考虑到出行方式、出发地点和人口统计信息等因素），每周更新一次，能够比随机检测多发现 1.85 倍的无症状感染者。H. Bastani et al., "Efficient and Targeted COVID-19 Border Testing via Reinforcement Learning," *Nature* 599 (2021): 108–113, https:// doi.org/10.1038/s41586-021-04014-z.
6. Hannah Beech, "On the Covid Front Lines, When Not Getting Belly Rubs," *New York Times*, May 31, 2021, https://www.nytimes.com/2021/05/31/world/asia/dogs-coronavirus.html.

7. Michael J. Mina and Kristian G. Andersen, "COVID-19 Testing: One Size Does Not Fit All," *Science* 371, no. 6525 (2020): 126–127; Daniel B. Larremore et al., "Test Sensitivity Is Secondary to Frequency and Turnaround Time for COVID-19 Screening," *Science Advances* 7, no. 1 (2021), https://www.science.org/doi/10.1126/sciadv.abd5393.
8. Joshua S. Gans, Avi Goldfarb, Ajay K. Agrawal, Sonia Sennik, Janice Stein and Laura Rosella, "False-Positive Results in Rapid Antigen Tests for SARS-CoV-2," *JAMA* 327, no. 5 (2022): 485–486, https://jamanetwork.com/journals/jama/fullarticle/2788067.
9. Laura C. Rosella, Ajay K. Agrawal, Joshua S. Gans, Avi Goldfarb, Sonia Sennik and Janice Stein, "Large-Scale Implementation of Rapid Antigen Testing for COVID-19 in Workplaces," *Science Advances* 8, no. 8 (2022), https://www.science.org/doi/10.1126/sciadv.abm3608; "CDL Rapid Screening: Supporting the Launch of Workplace Rapid Screening across Canada," Creative Destruction Lab Rapid Screening Consortium, https://www.cdlrapidscreeningconsortium.com/.
10. 该项目的启动报道见于："Like Wartime: Canadian Companies Unite to Start Mass Virus Testing," *New York Times*, February 18, 2021, https:// www.nytimes.com/2021/01/30/world/americas/canada-coronavirus-rapid-test.html。
11. Laura C. Rosella et al., "Large-Scale Implementation of Rapid Antigen Testing for COVID-19 in Workplaces."
12. 乔舒亚·甘斯出版了第一本关于新冠病毒经济学的书，重点关注在信息问题上：Joshua Gans, *The Pandemic Information Gap: The Brutal Economics of COVID-19* (Cambridge, MA: MIT Press, 2020)。

第八章 系统思维

1. Brian Christian, *The Most Human Human: What Artificial Intelligence Teaches Us About Being Alive* (New York: Anchor, 2011).
2. Ajay Agrawal, Joshua Gans and Avi Goldfarb, "Artificial Intelligence: The Ambiguous Labor Market Impact of Automating Prediction," *Journal of Economic Perspectives* 33, no. 2 (2019): 31–50, https://pubs.aeaweb.org/doi/pdfplus/10.1257/jep.33.2.31.
3. Carl Benedikt Frey and Michael A. Osborne, "The Future of Employment: How Susceptible Are Jobs to Computerisation?" *Technological Forecasting and Social Change* 114 (January 2017): 254–280, https://www.sciencedirect.com/science/article/abs/pii/S0040162516302244; "A Study Finds Nearly Half of Jobs Are Vulnerable to Automation," *Economist*, April 24, 2018, https://www.economist.com/graphic-detail/2018/04/24/a-study-finds-nearly-half-of-jobs-are-vulnerable-to-automation; Aviva Hope Rutkin, "Report Suggests Nearly Half of US Jobs Are Vulnerable to Computerization," *MIT Technology Review*, September 12, 2013, https://www.technologyreview.com/2013/09/12/176475/report-suggests-nearly-half-of-us-jobs-are-vulnerable-to-computerization/.
4. Daron Acemoglu, "Harms of AI," working paper 29247, National Bureau of Economic Research, Cambridge, MA, September 2021, https://www.nber.org/papers/w29247; Daron Acemoglu and Pascual Restrepo, "Automation and New Tasks: How Technology Displaces

and Reinstates Labor," *Journal of Economic Perspectives* 33 no. 2 (2019): 3–30; Jeffrey D. Sachs, "R&D, Structural Transformation and the Distribution of Income," in *The Economics of Artificial Intelligence: An Agenda,* eds. Ajay Agrawal et al. (Chicago: University of Chicago Press, 2019), chapter 13. 总体评估见 Joshua Gans and Andrew Leigh, *Innovation + Equality: Creating a Future That Is More Star Trek than Terminator* (Cam bridge, MA: MIT Press, 2019)。

5. Tim Bresnahan, "Artificial Intelligence Technologies and Aggregate Growth Prospects," working paper, Stanford University, May 2019, https://web.stanford.edu/~tbres/AI_Technologies_in_use.pdf.
6. 我们在此得出的结论与埃里克·布莱恩约弗森在讨论"图灵陷阱"时得出的结论相似，但论点有所不同。我们强调，关注价值和增强功能符合人工智能开发者的利益。Erik Brynjolfsson, "The Turing Trap: The Promise and Peril of Human-Like Artificial Intelligence," Stanford Digital Economy Lab, January 12, 2022, https://digitaleconomy.stanford.edu/news/the-turing-trap-the-promise-peril-of-human-like-artificial-intelligence/.
7. Alvin Rajkomar, Jeffrey Dean and Isaac Kohane, "Machine Learning in Medicine," *New England Journal of Medicine* 380 (2019): 1347–1358, https://www.nejm.org/doi/full/10.1056/NEJMra1814259; Sandeep Redd, John Fox and Maulik P. Purchit, "Artificial Intelligence-Enabled Healthcare Delivery," *Journal of the Royal Society of Medicine* 112, no.1 (2019), https://journals.sagepub.com/doi/full/10.1177/0141076818815510; Kun-Hsing Yu, Andrew L. Beam and Isaac S. Kohane, "Artificial Intelligence in Healthcare," *Nature Biomedical Engineering* 2 (2018): 719–731, https://www.nature.com/articles/s41551-018-0305-z.
8. James Shaw et al., "Artificial Intelligence and the Implementation Chal lenge," *Journal of Medical Internet Research* 21, no. 7 (2019): e13659, doi: 10.2196/13659; Yu et al., "Artificial Intelligence in Healthcare."
9. Siddhartha Mukherjee, "A.I. versus M.D.," *New Yorker*, March 27, 2017; and Cade Matz and Craig Smith, "Warnings of a Dark Side to AI in Health Care," *New York Times*, March 21, 2019.
10. 虽然我们从未见过埃里克·托普，但我们是他的粉丝。新冠肺炎疫情防控期间，在我们创建加拿大新冠病毒快速抗原检测项目的过程中，他清晰、及时、富有洞察力的推文和文章让我们受益匪浅。"CDL Rapid Screening Consortium," Creative Destruction Lab, https://www.cdlrapid-screeningconsortium.com/.
11. Avi Goldfarb, BlediTaska and FlorentaTeodoridis, "Artificial Intelligence in Health Care? Evidence from Online Job Postings," *AEA Papers and Proceedings* 110 (2020): 400–404.
12. Steven Adelman and Harris A. Berman, "Why Are Doctors Burned Out? Our Health Care System Is a Complicated Mess," *STAT*, December 15, 2016, https://www.statnews.com/2016/12/15/burnout-doctors-medicine/.
13. Eric Topol, *Deep Medicine* (New York: Basic Books, 2019).
14. World Bank, "Leveling the Playing Field," *World Development Report 2021*, https://wdr2021.worldbank.org/stories/leveling-the-playing-field/, 104.
15. Morgane le Cam, "The Day Bluetooth Brought a Cardiologist to Every Village in Cameroon," *Geneva Solutions*, n.d., https://genevasolutions.news/explorations/11-african-solutions-for-the-future-world/the-day-bluetooth-brought-a-cardiologist-to-every-village-in-cameroon.
16. Steve Lohr, "What Ever Happened to IBM's Watson?" *New York Times*, July 16, 2021, https://

www.nytimes.com/2021/07/16/technology/what-happened-ibm-watson.html?smid=tw-share.

17. 我们建议使用《AI 极简经济学》中的人工智能系统探索画布（AI Canvas）来完成这一过程。

第九章　最伟大的系统

1. Rob Toews, "AlphaFold Is the Most Important Achievement in AI—Ever," *Forbes*, October 3, 2021, https://www.forbes.com/sites/robtoews/2021/10/03/alphafold-is-the-most-important-achievement-in-ai-ever/; Ewen Callaway, "'It Will Change Everything': DeepMind's AI Make Gigantic Leap in Solving Protein Structures," *Nature*, November 30, 2020, https://www.nature.com/articles/d41586-020-03348-4.
2. Will Douglas Heaven, "DeepMind's Protein-Folding AI Has Solved a 50-Year-Old Grand Challenge of Biology," *MIT Technology Review*, November 30, 2020, https://www.technologyreview.com/2020/11/30/1012712/deepmind-protein-folding-ai-solved-biology-science-drugs-disease/.
3. Toews, "AlphaFold Is the Most Important Achievement in AI—Ever."
4. Callaway, "'It Will Change Everything.'"
5. Iain M. Cockburn, Rebecca Henderson and Scott Stern, "The Impact of Artificial Intelligence on Innovation: An Exploratory Analysis," in *The Economics of Artificial Intelligence: An Agenda*, eds. Agrawal et al. (Chicago: University of Chicago Press, 2019), 120. 斯特恩在我们 2018 年举行的机器学习与智能市场会议上对此文的观点做了精彩而通俗易懂的报告：Scott Stern, "AI, Innovation and Economic Growth," YouTube, November 1, 2018, https://www.youtube.com/watch?v=zPeme4murCk&t=8s。
6. 我们在 CDL 看到了许多基于人工智能的研究工具。截至撰写本书时，从 CDL 走出的公司正在构建研究工具并筹集了大量资金，以下是三个例子：（1）Atomwise 筹集了 1.75 亿美元，用于设计一种人工智能工具，预测分子与蛋白质的结合亲和力，以发现新的小分子药物。Atomwise, "Behind the AI: Boosting Binding Affinity Predictions with Point-Based Networks," August 4, 2021, https://blog. atomwise.com/behind-the-ai-boosting-binding-affinity-predictions-with-point- based-networks.（2）Deep Genomics 公司筹集了 2.4 亿美元，用于设计一种人工智能工具，预测基因突变的后果，以发现新的基因药物。Deep Genomics, "Deep Genomics Raises $180M in Series C Financing," July 28, 2021, https://www.deepgenomics.com/news/deep-genomics-raises-180m-series-c-fi-nancing/.（3）BenchSci 筹集了 1 亿美元，用于设计一种人工智能，预测实验的最佳试剂，以提高对疗法的发现能力。BenchSci, "BenchSci AI-Assisted Reagent Selection," n.d., https://www.benchsci.com/platform/ ai-assisted-reagent-selection.
7. 正如老奥利弗·温德尔·霍姆斯所赞美的那样，详见：H. J. Lane, N. Blum and E. Fee, "Oliver Wendell Holmes (1809–1894) and Ignaz Philipp Semmelweis (1818–1865): Preventing the Transmission of Puerperal Fever," *American Journal of Public Health* 100, no. 6 (2010), 1008–1009, https://doi.org/10.2105/AJPH.2009.185363。
8. Dokyun Lee and Kartik Hosanagar, "How Do Recommender Systems Affect Sales Diversity? A Cross-Category Investigation via Randomized Field Experiment," *Information*

Systems Research 30, no. 1 (2019): iii–viii, https://pubsonline.informs.org/doi/abs/10.1287/isre.2018.0800; email correspondence with Dokyun Lee, November 16, 2021.

9. Ajay Agrawal, John McHale and Alex Oettl, "Superhuman Science: How Artificial Intelligence May Impact Innovation," working paper, Brookings, 2022.
10. Ewen Callaway, "'It Will Change Everything': DeepMind's AI Makes Gigantic Leap in Solving Protein Structures," *Nature* 588 (2020): 203–204, https://www.nature.com/articles/d41586-020-03348-4.
11. "AI for Discovery and Self-Driving Labs," Matter Lab, n.d., https://www.matter.toronto.edu/basic-content-page/ai-for-discovery-and-self-driving-labs.

第十章　颠覆与权力

1. Severin Borenstein and James Bushnell, "Electricity Restructuring: Deregulation or Reregulation?" *Regulation* 23, no. 2 (2000), http://faculty.haas.berkeley.edu/borenste/download/Regulation00ElecRestruc.pdf.
2. Clayton M. Christensen, *The Innovator's Dilemma: When New Technologies Cause Great Firms to Fail* (Boston: Harvard Business Review Press, 1997). 以前的著作探讨了类似的观点，尽管没有强调"颠覆"一词。比如：理查德·福斯特的 *Innovation: The Attacker's Advantage* (New York: Summit Books, 1986)。
3. 然而，历史告诉我们，企业在面对自下而上的颠覆时，往往能够做出反应，并不顾一切地采用这项技术。它们可以收购新进入者或者加大投资力度，迎头赶上。这就让它们能够利用其他资产，虽然在一段时间内可能会遭遇风浪，但它们能够在这个过程中生存下来。有关这些应对措施的更广泛讨论，请参阅：Joshua S. Gans, *The Disruption Dilemma* (Cambridge, MA: MIT Press, 2016)。
4. Jill Lepore, "The Disruption Machine," *New Yorker*, June 16, 2014.
5. Tim Harford, "Why Big Companies Squander Good Ideas," *Financial Times*, September 6, 2018, https://www.ft.com/content/3c1ab748-b09b-11e8-8d14-6f049d06439c.
6. Rebecca M. Henderson and Kim B. Clark, "Architectural Innovation: The Reconfiguration of Existing Product Technologies and the Failure of Established Firms," *Administrative Science Quarterly* (1990): 9–30.
7. 关于这些差异的更多讨论，请参阅：Gans, *The Disruption Dilemma*。
8. 关于其正式的经济学模型，请参阅：Joshua Gans, "Internal Conflict and Disruptive Technologies," mimeo, Toronto, 2022。
9. 要详细了解有关百视达衰落过程中的所有阴谋诡计，请参阅：Gina Keating, *Netflixed: The Epic Battle for America's Eyeballs* (New York: Penguin, 2012)。要回顾百视达的兴衰历程，请观看如下纪录片，该片介绍了百视达的经营之道，并讲述了俄勒冈州本德市仅存的一家百视达店的暖心故事：*The Last Blockbuster*。

第十一章　机器拥有权力吗

1. Joan Baum, *The Calculating Passion of Ada Byron* (Hamden, CT: Archon Books, 1986).

2. Ada 是从我们创新颠覆实验室项目中走出的公司，截至撰写本书时，该公司已经融资约 2 亿美元。
3. Ada, "Zoom, the World's Fastest Growing Company, Delivers on Customer Experience with Ada," case study, n.d., https://www.ada.cx/case-study/zoom?hsCtaTracking=bbb3dca6-ad19-42b2-97e3-8bcd92813842%7C754f3b30-ab8b-418d-b36c-d0ab3be3514f.
4. David Zax, "'I'm Feeling Lucky': Google Employee No. 59 Tells All," *Fast Company*, July 12, 2011, https://www.fastcompany.com/1766361/im-feeling-lucky-google-employee-no-59-tells-all; Nicholas Carlson, "Google Just Kills the 'I'm Feeling Lucky Button,'" *Business Insider*, September 8, 2010, https://www.businessinsider.com/google-just-effectively-killed-the-im-feeling-lucky-button-2010-9. 玛丽莎·梅耶尔（Marissa Meyer）表示："我认为'我感觉很幸运'的美妙之处在于它提醒你这里有真实的人。"
一位哲学家认为这一切都与谷歌的上帝情结有关——我们没有在开玩笑。请参阅：John DurhamPeters, "Google Wants to Be God's Mind: The Secret Theology of 'I'm Feeling Lucky,'" *Salon*, July 19, 2015, https://www.salon.com/2015/07/19/google_wants_to_be_gods_mind_the_secret_theology_of_im_feeling_lucky/。我们必须引述这段话：

> 主页上两个用于搜索互联网的选项——"谷歌搜索"和"我感觉很幸运"——是重要的点缀。"我感觉很幸运"是一种主观的表达方式。这不是谷歌在对用户说"你很幸运"，而是"我"，以第一人称进入了互联网，同样这也是赌徒的呼喊，他对无法控制的事物低声念咒。谷歌搜索页面是欲望的入口，是人们向之请愿的宝座。（它的服务器存储着"需求档案馆"。）"我感觉很幸运"还让人们想起抽签的宗教性习俗。"我感觉很幸运"提供的海量、快捷、准确的搜索结果足以让谷歌引以为傲。（近年来，它通常会将你带到维基百科的页面，但在早期，它的结果可能更让你大吃一惊。）尽管 1% 左右的用户使用了"我感觉很幸运"按钮，而谷歌并没有从中赚到钱（该按钮仅提供单个结果，因此没有附带广告），但公司的领导层异常坚定地保留这一功能，即使维护公司利润的人不断批评他们。他们知道自己在做什么。"我感觉很幸运"按钮通过保持神谕般的光环和极客魅力，足够弥补失去的收入。如果没了它，损失将是无法估量的。在谷歌搜索页面，就像站在门槛前敲门。有两个选择并排等待着你：一个是古老的占卜方式，一个是现代的谷歌方式。该公司的文化共鸣在于将其计算机化的全面搜索主张与《易经》般的神秘性结合在一起。古老和现代，上帝和谷歌——两者的连续性是显而易见的。谷歌搜索页面在搜索或探索的简单结构中或许是最具宗教意义的。人们在寻找什么？噪声中的信号、真爱、逃犯、丢失的钥匙链……其中一些是谷歌可以帮助找到的。

5. Janelle Shane, *You Look Like a Thing and I Love You* (New York: Little Brown, 2019), 144.
6. Lewis Mumford. *Technics and Civilization* (New York: Harcourt, Brace, 1934), 27.

第十二章　积累权力

1. 本章内容基于此文：Ajay Agrawal, Joshua Gans and Avi Goldfarb, "How to Win with Machine

Learning," *Harvard Business Review*, September–October 2020。
2. Marco Iansiti and Karim Lakhani, *Competing in the Age of AI* (Cambridge, MA: Harvard Business Review Press, 2020).
3. Joseph White, "GM Buys Cruise Automation to Speed Self-Driving Car Strategy," Reuters, March 11, 2016, https://www.reuters.com/article/us-gm-cruiseautomation-idUSKCN0WD1ND.
4. Clara Curiel-Lewandrowski et al., "Artificial Intelligence Approach in Melanoma," *Melanoma*, ed. D. Fisher and B. Bastian (New York: Springer, 2019), https://doi.org/10.1007/978-1-4614-7147-9_43; Adewole S. Adamson and Avery Smith, "Machine Learning and Health Care Disparities in Dermatology," *JAMA Dermatology* 154, no. 11 (2018): 1247–1248, https://jamanetwork.com/journals/jamadermatology/article-abstract/2688587.

第十三章　伟大的“脱钩”

1. David J. Deming, "The Growing Importance of Decision-Making on the Job," working paper 28733, National Bureau of Economic Research, Cambridge, MA, 2021.
2. Chris Bengel, "Michael Jordan Shares Hilarious Response to Risking Injuries in Sneak Peek of 'The Last Dance' Documentary," CBS, April 19, 2020, https://www.cbssports.com/nba/news/michael-jordan-shares-hilarious-response-to-risking-injuries-in-sneak-peek-of-the-last-dance-documentary/.
3. Michael Jordan, "Depends How F—ing Bad the Headache Is!" YouTube, April 20, 2020, https://www.youtube.com/watch?v=2WWspa-mFZY; Bengel, "Michael Jordan Shares Hilarious Response."
4. Jordan, "Depends How F—ing Bad the Headache Is!"; Bengel, "Michael Jordan Shares Hilarious Response."
5. Ramnath Balasubramanian, Ari Libarikian and Doug McElhaney, "Insurance 2030—The Impact of AI on the Future of Insurance," McKinsey, March 12, 2021, https://www.mckinsey.com/industries/financial-services/our-insights/insurance-2030-the-impact-of-ai-on-the-future-of-insurance#.
6. Fred Lambert, "Tesla Officially Launches Its Insurance Using 'Real-Time Driving Behavior,' Starting in Texas," Elektrek, October 14, 2021, https://electrek.co/2021/10/14/tesla-officially-launches-insurance-using-real-time-driving-behavior-texas/.
7. MiremadSoleymanian, Charles B. Weinberg and Ting Zhu, "Sensor Data and Behavioral Tracking: Does Usage-Based Auto Insurance Benefit Drivers?," *Marketing Science* 38, no. 1 (2019).
8. Paul Green and Vithala Rao, "Conjoint Measurement for Qualifying Judgmental Data," *Journal of Marketing Research* 8, 355–363, p. 355. https:// journals.sagepub.com/doi/pdf/10.1177/002224377100800312.
9. Robert Zeithammer and Ryan P. Kellogg, "The Hesitant *Hai Gui*: Return-Migration Preferences of U.S.-Educated Chinese Scientists and Engineers," *Journal of Marketing Research* 50, no. 5 (2013), https://journals.sagepub.com/doi/abs/10.1509/jmr.11.0394?journalCode=mrja.
10. 当然，巴贾里会说他并不是唯一的功臣，事情要更加复杂一些。他会强调他是团队的一员，该团队在亚马逊建立了经济学和数据科学团队。

11. Katrina Lake, "Stitch Fix's CEO on Selling Personal Style to the Mass Market," *Harvard Business Review*, May–June 2018.

第十四章　从概率的角度思考

1. Tom Krisher, "Feds: Uber Self-Driving SUV Saw Pedestrian, Did Not Brake," AP News, May 24, 2018, https://apnews.com/article/north-america-ap-top-news-mi-state-wire-az-state-wire-ca-state-wire-63ff0b97fe1c44f98e4ee02c70a6397e; T.S, "Why Uber's Self-Driving Car Killed a Pedestrian," *Economist*, May 29, 2018, https://www.economist.com/the-economist-explains/2018/05/29/why-ubers-self-driving-car-killed-a-pedestrian.
2. Uriel J. Garcia and Karina Bland, "Tempe Police Chief: Fatal Uber Crash Likely 'Unavoidable' for Any Kind of Driver," *AZCentral*, March 2018, https://www.azcentral.com/story/news/local/tempe/2018/03/20/tempe-police-chief-fatal-uber-crash-pedestrian-likely-unavoidable/442829002/.
3. National Transportation Safety Board, "Collison between Vehicle Controlled by Developmental Automated Driving System and Pedestrian, Accident Report (Washington, DC: NTSB, March 18, 2018), https://www.ntsb.gov/investigations/AccidentReports/Reports/HAR1903.pdf.
4. Hilary Evans Cameron, Avi Goldfarb and Leah Morris, "Artificial Intelligence for a Reduction of False Denials in Refugee Claims," *Journal of Refugee Studies* 35, no. 1 (2022), https://doi.org/10.1093/jrs/feab054.
5. Hilary Evans Cameron, *Refugee Law's Fact-Finding Crisis: Truth, Risk, and the Wrong Mistake* (Cambridge, UK: Cambridge University Press, 2018).
6. 有关此类前瞻性思维的分析，请参阅：P. Bolton and A. Faure- Grimaud, "Thinking Ahead: The Decision Problem," *Review of Economic Studies* 76, no. 4 (2009): 1205–1238。关于其在预测机器方面的应用，请参阅：Ajay Agrawal, Joshua Gans and Avi Goldfarb, "Prediction, Judgment and Complexity: A Theory of Decision-Making and Artificial Intelligence," in *The Economics of Artificial Intelligence: An Agenda* (Chicago: University of Chicago Press, 2018), 89–110。
7. 通过有关经验获得的判断模型，请参阅：Ajay Agrawal, Joshua S. Gans and Avi Goldfarb, "Human Judgment and AI Pricing," *AEA Papers and Proceedings* 108 (2018): 58–63。
8. 这里借鉴了两位学者讨论的有关医疗监管变化的观点，请参阅：Ariel Dora Stern and W. Nicholson Price II, "Regulatory Oversight, Causal Inference and Safe and Effective Health Care Machine Learning," *Biostatistics* 21, no. 2 (2020): 363–367, https://academic.oup.com/biostatistics/article/21/2/363/5631849。

第十五章　新的裁决者

1. Peter Baghurst et al., "Environmental Exposure to Lead and Children's Intelligence at the Age of Seven Years: The Port Pirie Cohort Study," *New England Journal of Medicine* 327, no. 18 (1992): 1279–1284.
2. 这个 80% 的数字是基于他们提供的一个列表。更正式地说，接受者操作特征曲线下的面积为 0.95。换句话说，如果在含铅管道和非含铅管道之间做出选择，他们的模型将在 95% 的情况下准确地选择含铅管道，而纯粹随机选择的概率是 50%。

3. Alexis C. Madrigal, "How a Feel-Good Story Went Wrong in Flint," *Atlantic*, January 3, 2019, https://www.theatlantic.com/technology/archive/2019/01/how-machine-learning-found-flints-lead-pipes/578692/.
4. "The Lead-Pipe Finder," The Best Inventions of 2021, *Time*, November 10, 2021, https://time.com/collection/best-inventions-2021/6113124/blueconduit/; Zahra Ahmad, "Flint Replaces More Lead Pipes Using Predictive Model, Researches Say," MLive, June 27, 2019, https://www.mlive.com/news/flint/2019/06/flint-replaces-more-lead-pipes-using-predictive-model-researchers-say.html; Adele Peters, "We Don't Know Where All the Lead Pipes Are. This Tool Helps Find Them," *Fast Company*, October 4, 2021, https://www.fastcompany.com/90682174/this-tool-figures-out-which-houses-are-most-likely-to-have-lead-pipes; Sidney Fussell, "An Algorithm Is Helping a Community Detect Lead Pipes," *Wired*, January 14, 2021, https://www.wired.com/story/algorithm-helping-community-detect-lead-pipes/; Madrigal, "How a Feel-Good Story Went Wrong in Flint."
5. National Weather Association, "About NWA," n.d., https://nwas.org/about-nwa/; Ben Alonzo, "Types of Meteorology," *Sciencing*, April 24, 2017, https:// sciencing.com/types-meteorology-8031.html; much of this section draws on an interview with former National Weather Association president Todd Lericos on November 17, 2021.
6. 作者于 2021 年 11 月 17 日采访托德·勒里科斯。
7. Michael Lewis, *The Fifth Risk* (New York: W. W. Norton & Company, 2018), 131, Kindle.
8. 作者采访托德·勒里科斯。
9. Andrew Blum, *The Weather Machine* (New York: Ecco, 2019), 159, Kindle.
10. Blum, *The Weather Machine*, 160.
11. 作者采访托德·勒里科斯。
12. 作者采访托德·勒里科斯。
13. 更高级的管理者可能会依靠人工智能直接提出建议，而不是依赖他们手下的员工。与有着自身利益的员工相比，人工智能的优势在于其目标与高级管理者保持一致。然而，当预测机器不完美时，管理者可能希望员工花费精力提出推动决策的建议。这将影响管理者是否遵循人工智能的建议，或者是否赋予下属一定程度的决策权。更多信息，请参阅：Susan C. Athey, Kevin A. Bryan and Joshua S. Gans, "The Allocation of Decision Authority to Human and Artificial Intelligence," *AEA Papers and Proceedings 110* (2020): 80–84。
14. Ajay Agrawal, Joshua S. Gans and Avi Goldfarb, "Artificial Intelligence: The Ambiguous Labor Market Impact of Automating Prediction," *Journal of Economic Perspectives* 33, no. 2 (2019): 31–50, https://pubs.aeaweb.org/doi/pdfplus/10.1257/jep.33.2.31.
15. Agrawal et al., "Artificial Intelligence."

第十六章　设计可靠的系统

1. Thomas C. Schelling, *The Strategy of Conflict* (Cambridge, MA: Harvard University Press, 1960), 80.
2. 如果你回答的是下午 4 点 20 分，那就是你错过很多会议的另一个原因。

3. J. Roberts and P. Milgrom, *Economics, Organization and Management* (Englewood Cliffs, NJ: Prentice-Hall, 1992), 126–311.
4. H. A. Simon, *The Sciences of the Artificial*, 3rd ed. (Cambridge, MA: MIT Press, 2019).
5. 有关数学处理，请参阅：J. Sobel, "How to Count to One Thousand," *Economic Journal* 102, no. 410 (1992): 1–8。
6. R. M. Henderson and K. B. Clark, "Architectural Innovation: The Reconfiguration of Existing Product Technologies and the Failure of Established Firms," *Administrative Science Quarterly* 35, no. 1 (1990): 9–30.
7. Ajay K. Agrawal, Joshua S. Gans and Avi Goldfarb, "AI Adoption and System-Wide Change," working paper w28811, National Bureau of Economic Research, Cambridge, MA, 2021.
8. https://www.mckinsey.com/business-functions/mckinsey-digital/how-we-help-clients/flying-across-the-sea-propelled-by-ai.
9. Maggie Mae Armstrong, "Cheat Sheet: What Is Digital Twin?," *IBM Business Operations blog*, December 4, 2020, https://www.ibm.com/blogs/internet-of-things/iot-cheat-sheet-digital-twin/.
10. "The Power of Massive, Intelligent, Digital Twins," Accenture, June 7, 2021, https://www.accenture.com/ca-en/insights/health/digital-mirrored-world.
11. Michael Grieves and John Vickers, "Digital Twin: Mitigating Unpredictable, Undesirable Emergent Behavior in Complex Systems," *Transdisciplinary Perspectives on Complex Systems* (New York: Springer, 2016), 85–113, https://link.springer.com/chapter/10.1007/978-3-319-38756-7_4.
12. Grieves and Vickers, "Digital Twin: Mitigating Unpredictable, Undesirable Emergent Behavior in Complex Systems."
13. "Virtual Singapore," Prime Minister's Office, National Research Foundation, Singapore, https://www.nrf.gov.sg/programmes/virtual-singapore; DXC Technology, "Why Cities Are Creating Digital Twins," GovInsider, March 18, 2020, https://govinsider.asia/innovation/dxc-why-cities-are-creating-digital-twins/.
14. "Pushing the Boundaries of Renewable Energy Production with Azure Digital Twins," Microsoft Customer Stories, November 30, 2020, https://customers.microsoft.com/en-in/story/848311-doosan-manufacturing-azure-digital-twins.

第十七章 白 板

1. "Cooking," National Fire Protection Association, n.d., https://www.nfpa.org/Public-Education/Fire-causes-and-risks/Top-fire-causes/Cooking.
2. Isaac Ehrlich and Gary S. Becker, "Market Insurance, Self-Insurance, and Self-Protection," *Journal of Political Economy* 80, no. 4 (1972): 623–648; and John M. Marshall, "Moral Hazard," *American Economic Review* 66, no. 5 (1976): 880–890.
3. Daniel Schreiber, "Precision Underwriting," *Lemonade* blog, n.d., https:// www.lemonade.com/blog/precision-underwriting/.
4. Daniel Schreiber, "AI Eats Insurance," *Lemonade* blog, n.d., https://www.lemonade.com/blog/ai-eats-insurance/.
5. Daniel Schreiber, "Two Years of Lemonade: A Super Transparency Chronicle," *Lemonade*

blog, n.d., https://www.lemonade.com/blog/two-years-transparency/.
6. IPC Research, "Lemonade IPO: A Unicorn Vomiting a Rainbow," *Insurance Insider*, June 9, 2020, https://www.insidepandc.com/article/2876fsvzg2scz9uy1iww0/lemonade-ipo-a-unicorn-vomiting-a-rainbow.

第十八章　预见系统变化

1. Sendhil Mullainathan and Ziad Obermeyer, "Diagnosing Physician Error: A Machine Learning Approach to Low-Value Health Care," *Quarterly Journal of Economics* 137, no. 2 (2022): 679–727, online appendix 3, https://academic.oup.com/qje/advance-article-abstract/doi/10.1093/qje/qjab046/6449024.
2. Mullainathan and Obermeyer, "Diagnosing Physician Error."
3. 有关经典论述，请参阅：Jeffrey E. Harris, "The Internal Organization of Hospitals: Some Economic Implications," *Bell Journal of Economics* (1977): 467–482。或者参阅教科书中的讨论：Jay Bhattacharya, Timothy Hyde and Peter Tu, *Health Economics* (London: Red Globe Press, 2014)。
4. 本讨论基于此工作论文（该论文又借鉴了穆来纳森与奥伯迈尔的附录 3）：Ajay Agrawal, Joshua Gans and Avi Goldfarb, "Similarities and Differences in the Adoption of General Purpose Technologies," working paper, University of Toronto, 2022, https://conference.nber.org/conf_papers/f158748.pdf. 当然，这个讨论抽象了穆来纳森与奥伯迈尔所涉及的其他一系列考虑因素，比如医生的私人信息和医生不送去做检查的高风险患者。
5. Department of Emergency Medicine, "Mission," University of Pittsburgh website, https://www.emergencymedicine.pitt.edu/about/mission.
6. Eric Topol, *Deep Medicine* (New York: Basic Books, 2019).
7. Alvin Rajkomar, Jeffrey Dean and Isaac Kohane, "Machine Learning in Medicine," *New England Journal of Medicine* 380 (2019): 1347–1358, https://www.nejm.org/doi/pdf/10.1056/NEJMra1814259?articleTools=true.
8. Jürgen Knapp et al., "Influence of Prehospital Physician Presence on Survival after Severe Trauma: Systematic Review and Meta-analysis," *Journal of Trauma and Acute Care Surgery* 87, no. 4 (2019): 978–989, https://journals.lww.com/jtrauma/Abstract/2019/10000/Influence_of_prehospital_physician_presence_on.43.aspx.
9. Victor Nathan Chappuis et al., "Emergency Physician's Dispatch by a Paramedic-Staffed Emergency Medical Communication Centre: Sensitivity, Specificity and Search for a Reference Standard," *Scandinavian Journal of Trauma, Resuscitation and Emergency Medicine* 29, no. 31 (2012), https://sjtrem.biomedcentral.com/articles/10.1186/s13049-021-00844-y.
10. 对这一问题的经典论述，请参阅：Edith Penrose, *The Theory of the Growth of the Firm* (Oxford, UK: Oxford University Press, 2009); and Kenneth J. Arrow, *The Limits of Organization* (New York: Norton, 1974)。正式论述可参阅：Oliver Hart and Bengt Holmstrom, "A Theory of Firm Scope," *Quarterly Journal of Economics* 125, no. 2 (2010): 483–513。
11. 丽贝卡 · 亨德森和金 · B. 克拉克将这些创新分别称为模块化创新和架构创新。Rebecca M. Henderson and Kim B. Clark, "Architectural Innovation: The Reconfiguration of Existing

Product Technologies and the Failure of Established Firms," *Administrative Science Quarterly* (1990): 9–30. 另请参阅：Joshua Gans, *The Disruption Dilemma* (Cambridge, MA: MIT Press, 2016)。

结 语 人工智能偏见与系统

1. E. Pierson et al., "An Algorithmic Approach to Reducing Unexplained Pain Disparities in Underserved Populations," *Nature Medicine* 27, no. 1 (2012): 136–140, https://doi.org/10.1038/s41591-020-01192-7.
2. J. H. Kellgren and J. S. Lawrence, "Radiological Assessment of Osteo-Arthrosis," *Annals of the Rheumatic Diseases* 16, no. 4 (1957): 494, https://ard.bmj.com/content/16/4/494; Mark D. Kohn, Adam A. Sassoon and Navin D. Fernando, "Classification in Brief: Kellgren-Lawrence Classification of Osteoarthritis," *Clinical Orthopaedics and Related Research* 474, no. 8 (2016) 1886–1893, https://www.ncbi.nlm.nih.gov/pmc/articles/PMC4925407/.
3. J. E. Collins et al., "Trajectories and Risk Profiles of Pain in Persons with Radiographic, Symptomatic Knee Osteoarthritis: Data from the Osteoarthritis Initiative," *Osteoarthritis and Cartilage* 22 (2014): 622–630.
4. E. Pierson et al., "An Algorithmic Approach to Reducing Unexplained Pain Disparities in Underserved Populations."
5. April Glaser and Rani Molla, "A (Not-So) Brief History of Gender Discrimi nation Lawsuits in Silicon Valley," Vox, April 10, 2017, https://www.vox.com/2017/4/10/15246444/history-gender-timeline-discrimination-lawsuits-legal-silicon-valley-google-oracle--note; Sheelah Kolhatkar, "The Tech Industry Gender-Discrimination Problem, *New Yorker*, November 13, 2017, https://www.newyorker.com/magazine/2017/11/20/the-tech-industrys-gender-discrimination-problem; David Streitfeld, "Ellen Pao Loses Silicon Valley Bias Case Against Kleiner Perkins," *New York Times*, March 27, 2015, https://www.nytimes.com/2015/03/28/technology/ellen-pao-kleiner-perkins-case-decision.html.
6. David Streitfeld, "Kleiner Perkins Portrays Ellen Pao as Combative and Resentful in Sex Bias Trial," *New York Times*, March 11, 2015, https://www.nytimes.com/2015/03/12/technology/kleiner-perkins-portrays-ellen-pao-as-combative-and-resentful-in-sex-bias-trial.html.
7. 这个结构基于此论文：J. Kleinberg et al., "Algorithms as Discrimination Detectors," *Proceedings of the National Academy of Sciences* 117, no. 48 (2020): 30096–30100, https://www.pnas.org/content/pnas/117/48/30096.full.pdf。
8. Marianne Bertrand and Sendhil Mullainathan, "Are Emily and Greg More Employable Than Lakisha and Jamal? A Field Experiment on Labor Market Discrimination," *American Economic Review* 94, no. 4 (2004): 991–1013, http://www.jstor.org/stable/3592802.
9. Ziad Obermeyer et al., "Dissecting Racial Bias in an Algorithm Used to Manage the Health of Populations," *Science* 366, no. 6464 (2019): 447–453, https:// www.science.org/doi/10.1126/science.aax2342.
10. Sendhil Mullainathan, "Biased Algorithms Are Easier to Fix Than Biased People," *New York Times*, December 6, 2019, https://www.nytimes.com/2019/12/06/business/algorithm-bias-fix.

html.
11. Mullainathan, "Biased Algorithms Are Easier to Fix Than Biased People."
12. Obermeyer et al., "Dissecting Racial Bias."
13. Obermeyer et al., "Dissecting Racial Bias."
14. Mullainathan, "Biased Algorithms Are Easier to Fix Than Biased People."
15. Carmina Ravanera and Sarah Kaplan, "An Equity Lens on Artificial Intelligence," Institute for Gender and the Economy, Rotman School of Manage ment, University of Toronto, August 15, 2021, https://cdn.gendereconomy.org/wp-content/uploads/2021/09/An-Equity-Lens-on-Artificial-Intelligence-Public-Version-English-1.pdf.
16. Kleinberg et al., "Algorithms as Discrimination Detectors."
17. 算法偏见可以分解为三种形式：（1）输入变量选择的偏见；（2）结果测量选择的偏见；（3）训练过程构建的偏见。在考虑了这三种形式的偏见之后，任何剩余的差异都与一个群体相对于另一个群体的结构性劣势对应。资料来源：Kleinberg et al., "Algorithms as Discrimination Detectors."
18. Bernie Wilson, "Schilling Fined for Smashing Ump Camera," AP News, June 2, 2003, https://apnews.com/article/774eb21353c94032b8b175d3f55d3e7d; Katie Dean, "Umpires to Tech: You're Out!" *Wired*, June 18, 2003, https://www.wired.com/2003/06/umpires-to-tech-youre-out/.
19. Dominick Reuter, "1 Out of Every 153 American Workers Is an Amazon Employee," *Business Insider*, July 30, 2021, https://www.businessinsider.com/amazon-employees-number-1-of-153-us-workers-head-count-2021-7.
20. Jeffrey Dastin, "Amazon Scraps Secret AI Recruiting Tool That Showed Bias Against Women," Reuters, October 10, 2018, https://www.reuters.com/article/us-amazon-com-jobs-automation-insight-idUSKCN1MK08G.
21. Matthew Yglesias, "Automate as Much Traffic Enforcement as Possible," Slow Boring, November 4, 2021, www.slowboring.com/p/traffic-enforcement.
22. MarzyehGhassemi, lecture, NBER AI 2021, Cambridge, MA, September 23, 2021, https://www.youtube.com/watch?v=lfDu5337quU.

致 谢

我们感谢为本书付出时间、想法和耐心的人们。特别感谢BenchSci的利兰、Family Care Midwives的杰基·弗伦奇·库兰、华盛顿大学的阿里·戈利、宾夕法尼亚大学的卡提克·霍桑纳格、波士顿大学的李道均、美国国家气象局的托德·勒里科斯、Ada的迈克尔·默奇森、加州大学伯克利分校的齐亚德·奥伯迈尔、Pandora的戴维·赖利和BlueConduit的埃里克·施瓦茨，感谢他们在采访中花费的时间。此外，我们还要感谢我们的同事所提供的讨论和反馈，包括彼得·阿贝尔、达龙·阿西莫格鲁、阿努舍·安萨里、苏珊·阿西、约夏·巴赫、拉莱·贝赫贾特、詹姆斯·伯格斯特拉、德罗尔·伯曼、斯科特·邦纳姆、弗朗切斯科·博瓦、蒂莫西·布雷斯纳汉、凯文·布赖恩、埃里克·布莱恩约弗森、伊丽莎白·凯利、埃米利奥·卡尔瓦诺、希拉里·埃文斯·卡梅伦、克里斯蒂安·卡塔利尼、詹姆斯·钱姆、布莱恩·克里斯汀、伊恩·科克伯恩、莎莉·多布、海伦·德玛雷、佩德罗·多明戈斯、马克·埃文斯、海格·法里斯、方晨、阿什·丰塔纳、克里斯·福曼、约翰·弗朗西斯、马尔泽·加塞米、阿尼德亚·戈斯、苏珊娜·吉尔德特、英玛尔·吉沃尼、本·戈尔策、亚历山德拉·格林希尔、谢恩·格林斯坦、丹尼尔·格罗斯、顾世翔、克里斯·哈德菲尔德、吉利安·哈德菲尔德、艾弗里·哈维夫、亚伯拉罕·海费茨、丽贝卡·亨德森、杰弗里·辛顿、蒂姆·霍奇森、马可·伊安西蒂、特雷弗·贾米森和史蒂夫·尤尔韦森。此外还有丹尼尔·卡尼曼、艾丹·凯霍、约翰·凯勒、维诺德·科斯拉、卡琳·克莱因、安东·科里内克、卡特娅·库达什基娜、迈克尔·库尔曼、卡里姆·拉赫尼、刘雅伦、刘曾依华、杨·勒库恩、玛拉·列德曼、安德鲁·利、琼·林赛、刘香凝、哈米德·马希亚、杰夫·马罗维茨、科瑞·马修森、克里斯蒂娜·麦凯尔汉、约翰·麦克海尔、罗杰·梅尔科、保罗·米尔格罗姆、蒂莫·明森、马特·米切尔、塞德希尔·穆来纳森、卡夏普·穆拉利、肯·尼克森、奥利维亚·诺顿、萨曼·努拉尼安、亚历克斯·奥特尔、巴尼·佩尔、帕特里克·皮谢特、英马尔·波斯纳、吉姆·波特巴、托米·普塔南、安德里亚·普拉特、尼科尔森·普赖斯、萨曼莎·普赖斯、詹妮弗·雷德蒙德、帕斯夸尔·雷斯特雷波、乔迪·罗斯、劳拉·罗塞拉、弗兰克·鲁兹、斯图尔特·拉塞尔、鲁斯·萨拉胡特丁诺夫、巴赫拉姆·萨米蒂、桑普萨·萨米拉、阿米尔·萨里里、雷扎·萨丘、杰伊·肖、申纪武、阿什米特·西达纳、布赖恩·西尔弗曼、布鲁斯·辛普森、艾弗里·斯莱特、迪利普·索曼、约翰·斯塔克豪斯、贾尼斯·斯坦因、阿里尔·多拉·斯特恩、斯科特·斯特恩、约瑟夫·斯蒂格利茨、斯科特·斯托内塔、K. 苏迪尔、孙旻智、里奇·萨顿、沙赫拉姆·塔法佐利、艾萨克·坦布林、布莱迪·塔斯卡、格雷厄姆·泰勒、弗洛伦塔·特奥多里迪斯、帕特里夏·泰恩、安德鲁·汤普森、托尼·特扬、佟佳睿、曼努埃尔·特拉伊滕贝格、丹·特雷弗、凯瑟琳·塔克、威廉·唐斯托尔－佩多、泰格尔·泰亚加拉真、拉奎尔·乌尔塔桑、埃里克·范登斯汀、哈尔·瓦里安、瑞安·韦伯、丹·威尔逊、内森·杨和仕文·吉利斯。同时还要感谢亚历克斯·伯内特、李·戈德法布、利亚·莫里斯、维丽娜·奎、谢尔吉奥·桑塔纳、张文琪和周燕提供了出色的研究协助。创新颠覆实验室和罗特曼管理学院的工作人员也非常出色，包括卡罗尔·德内卡、瑞秋·哈里斯、詹妮弗·希尔德布兰特、玛莱卡·卡普尔、阿玛普里特·考尔特、哈利德·库尔吉、丽莎·马、肯·麦格菲、索尼娅·塞尼克、克里斯蒂安·西格德松等。我们感谢我们现任和前任院长对这个项目的支持，包括苏珊·克里斯托弗森、肯·科茨和蒂夫·麦克莱姆。我们还要感谢杰夫·凯霍出色的编辑工作，以及我们的代理商吉姆·莱文。支撑本书中许多观点的研究都得到了加拿大社会科学与人文研究委员会以及斯隆基金会的支持，同时还得到了大卫·米歇尔和丹尼·戈罗夫在美国国家经济研究局人工智能经济学项目的支持。我们对他们的支持表示感谢。最后，感谢我们的家人在这个过程中的耐心和奉献：吉娜、阿梅利亚、安德烈亚斯、娜塔莉、贝兰娜、阿里埃尔、安妮卡、瑞秋、安娜、萨姆和本。